AF723668

Konformitätsverantwortung

Jetzt diesen Titel zusätzlich als E-Book downloaden und 70 % sparen!

Als Käufer dieses Buchtitels haben Sie Anspruch auf ein besonderes Kombi-Angebot: Sie können den Titel zusätzlich zum Ihnen vorliegenden gedruckten Exemplar für nur 30 % des Normalpreises als E-Book beziehen.

Der BESONDERE VORTEIL: Im E-Book recherchieren Sie in Sekundenschnelle die gewünschten Themen und Textpassagen. Denn die E-Book-Variante ist mit einer komfortablen Volltextsuche ausgestattet!

Deshalb: Zögern Sie nicht. Laden Sie sich am besten gleich Ihre persönliche E-Book-Ausgabe dieses Titels herunter.

In 3 einfachen Schritten zum E-Book:

❶ Rufen Sie die Website **www.beuth.de/e-book** auf.

❷ Geben Sie hier Ihren persönlichen, nur einmal verwendbaren E-Book-Code ein:

30294076A6KF45D

❸ Klicken Sie das „Download-Feld“ an und gehen dann weiter zum Warenkorb. Führen Sie den normalen Bestellprozess aus.

Hinweis: Der E-Book-Code wurde individuell für Sie als Erwerber dieses Buches erzeugt und darf nicht an Dritte weitergegeben werden. Mit Zurückziehung dieses Buches wird auch der damit verbundene E-Book-Code für den Download ungültig.

Konformitätsverantwortung

DIN

Dipl.-Ing. Michael Loerzer
Dr.-Ing. Mario Schacht

Konformitätsverantwortung

CE-Kennzeichnung im Produktentstehungsprozess

2., vollständig überarbeitete Auflage 2022

Herausgeber:
DIN Deutsches Institut für Normung e. V.

Beuth Verlag GmbH · Berlin · Wien · Zürich

Herausgeber: DIN Deutsches Institut für Normung e. V.

Berlin · Wien · Zürich
Am DIN-Platz
Burggrafenstraße 6
10787 Berlin

Telefon: +49 30 2601-0
Telefax: +49 30 2601-1260
Internet: www.beuth.de
E-Mail: kundenservice@beuth.de

Titelbild: Composing aus zwei Bildern:
Sonne © Paylessimages, Nutzung unter Lizenz von adobestock.com;
Kreisgrafik © Thitichaya, Nutzung unter Lizenz von adobestock.com

Satz: Beuth Verlag GmbH, Berlin

Druck: L&C, Kraków

Gedruckt auf säurefreiem, alterungsbeständigem Papier nach DIN EN ISO 9706

ISBN 978-3-410-30294-0
ISBN (E-Book) 978-3-410-30295-7

Autorenporträts

Dipl.-Ing. **Michael Loerzer** ist seit 1999 als Regulatory Affairs Specialist tätig und hat maßgeblich den Begriff Product Compliance Management in Deutschland geprägt. Als geschäftsführender Gesellschafter der Firmen Globalnorm GmbH bietet er mit seinem Unternehmen IT-Lösungen sowie Dienstleistungen im Bereich „Bereitstellung von Product-Compliance- und Normeninformationen" an. Herr Loerzer hat Nachrichtentechnik an der Fachhochschule der Deutschen Bundespost, Berlin, studiert. Nach seinem Studium begann er 1988 bei dem Kreuzberger Traditionsunternehmen Bosse Telefonbau GmbH als Entwicklungs- und EMV-Prüfingenieur. Danach war er Laborleiter eines akkreditierten EMV-Prüflabors sowie stellvertretender Leiter der Zertifizierungsstelle. Im Jahr 2003 initiierte er die Gründung der Themengruppe Produktkonformität im DIN-Ausschuss Normenpraxis (ANP), deren gewählter Vorsitzender er seit dem 3. März 2004 ist. Seit Oktober 2009 ist er Mitglied der „Product Safety Engineering Society" (PSES) der IEEE. Seit dem Jahr 2013 erscheint regelmäßig als Publikationsformat der Product Compliance Newsletter der Globalnorm GmbH, um dieses Thema nachhaltig im Markt zu etablieren. Für zahlreiche Verlage hat er Fachartikel und Bücher zu selbigen Themen veröffentlicht und ist als Referent für diverse Seminar- und Tagungsveranstalter tätig.

Dr.-Ing. **Mario Schacht** ist seit 2020 Geschäftsführer des ANP (DIN-Ausschuss Normenpraxis) und ist zudem Experte zum Thema SMART Standards im DIN e. V. In 2013 wurde er Geschäftsführer des Beuth Verlags und seit 2008 Geschäftsführer der DIN Software GmbH, deren Leitung er bis Ende 2019 innehatte. Er hat Maschinenbau mit der Fachrichtung Konstruktionstechnik an der TU Berlin studiert und dort auch promoviert. Seine Dissertation entstand in Zusammenarbeit mit DIN. Herr Dr. Schacht startete seinen Berufsweg 1990 im Dynamowerk der Siemens AG. Hier war er in verschiedenen Positionen tätig und leitete zum Schluss das Geschäftssegment Großmaschinen. Nach 10 Jahren Großkonzernerfahrung wechselte er in ein mittelständisches

Unternehmen – die Willy Vogel AG (heute SKF) –, ein führendes Unternehmen auf dem Gebiet der Zentralschmiertechnik. Zuletzt wurde Herrn Dr. Schacht die internationale Verantwortung für die Konstruktion und Entwicklung der Vogel-Gruppe in Deutschland, Frankreich, USA, Japan und Finnland übertragen. Herr Dr. Schacht besitzt nach mehr als 30 Jahren Berufspraxis fundierte Kenntnisse über die Anforderungen in unterschiedlichen Unternehmensbereichen – die Erfahrungen hieraus fließen insbesondere in den Praxisteilen des Buches ein.

Vorwort

Mehr als 30 Jahre nach Umsetzung der neuen Konzeption im Bereich der Harmonisierung der technischen Vorschriften in der Europäischen Union ist noch nicht in allen Industrieunternehmen das Wissen über Vorschriften und Normen in dem Maße vorhanden, wie es rechtlich geboten ist. Diese Unsicherheit spiegeln folgende Äußerungen aus verschiedenen Unternehmensbereichen wider:

- Geschäftsleitung: „Wieso ist eine Hebebühne, für die wir bisher die Maschinenrichtlinie angewandt haben, auf einmal ein Medizinprodukt, nur weil wir diese Hebebühnen in dem neuen Marktsegment ‚Krankenhäuser' für das Heben von schweren Patienten verkaufen wollen?"
- Vertrieb: „Wir wussten nicht, dass die CE-Kennzeichnung in Kanada nicht akzeptiert wird."
- Entwicklung: „Die Rechtsvorschriften sind für Techniker nicht verständlich. Da muss man ja Jura studiert haben, um die Vorschriften zu verstehen."
- Einkauf: „Wir kaufen das preisgünstigste Zulieferteil bei allerhöchsten Qualitätsansprüchen ein. Das CE-Kennzeichen reicht uns als Nachweis."
- Produktion: „Für die CE-Kennzeichnung sind das Qualitätsmanagement und die Konstruktion zuständig – ich habe Produktionszielvorgaben und mache Umsatz."

Es wird aus Sicht der Autoren häufig übersehen, dass es um den Absatz sicherer und rechtskonformer Produkte geht und somit alle in der Wertschöpfungskette beteiligten Abteilungen in den Product-Compliance-Prozess involviert sind. Bereits vor Einführung der CE-Kennzeichnung mussten Produkte konform mit den geltenden Sicherheitsvorschriften in Deutschland sein. Durch die nicht vorhandene Harmonisierung mussten Exporteure auch das französische, belgische oder englische Sicherheitsrecht kennen und erfüllen. Der Aufwand war ungleich höher, als es heute der Fall ist. Welche Probleme eine Nichtharmonisierung nach sich ziehen kann, ist aktuell durch den Austritt des Vereinigten Königreichs („Brexit") erkennbar. Hier wird zum 1. Januar 2023 die UKCA-Kennzeichnung beim Inverkehrbringen von Produkten verpflichtend.

Woran liegt es also, dass eine breite und dem Thema Produktkonformität bzw. Product Compliance angemessene Durchdringung nur vereinzelt vorhanden ist? Nach Ansicht der Autoren, die viele Jahre in den Bereichen Einkauf, Controlling, Konstruktion, Produktion, Vertrieb sowie Produktqualifizierung verantwortlich tätig waren, liegt das unter anderem an Kommunikationsproblemen zwischen den einzelnen Unternehmensbereichen. Die wenigen Fachleute argumentieren sehr technisch-rechtlich, sodass das Management und die weiteren Bereichsverantwortlichen die Risiken nicht erkennen können. Es fehlt hierfür vielfach auf der Zuhörerseite ein fachspezifisches Basiswissen, um die Rechtspflichten grundsätzlich besser zu verstehen.

Die Produktkonformität beim Warenvertrieb sicherzustellen, ist in erster Linie eine Managementaufgabe. Die erforderlichen Maßnahmen, die sicherstellen, dass ausschließlich verkehrssichere Produkte das Werkstor verlassen, müssen von der Unternehmensleitung organisiert werden. Dies dient der Risikominimierung, um eine Haftungsinanspruchnahme des Managements möglichst auszuschließen.

In den vergangenen Jahren kam das Risikomanagement vor allem im Zusammenhang mit Produktsicherheit und Produkthaftung zur Anwendung. Die Sicherheit von technischen Systemen und Prozessen steht im Vordergrund des Interesses. In jüngster Zeit kommt dem Risikomanagement als Bestandteil des Managementsystems die Aufgabe eines internen Kontrollsystems zu. Es ist sicherzustellen, dass die Organisation in der Lage ist, Risiken zu finden, zu beurteilen, zu bewältigen und zu überwachen. Angesichts der zunehmenden Komplexität der Anforderungen an die Führung von Organisationen (z. B. Unternehmen, Körperschaften, Gesellschaften) wird Risikomanagement heute vermehrt als Führungsinstrument mit einem umfassenden Anwendungsgebiet angesehen. Es erstreckt sich u. a. auf Risiken der Strategie, der Führung, der Finanzen, der operativen Prozesse, der Innovationen sowie der Veränderungen des Umfeldes. Die Grundsätze z. B. des Gesellschaftsrechtes, der „Corporate Governance“ und der „Best Practices“ stellen vermehrt Anforderungen an die Führung von Organisationen und die Verantwortung des Managements. Diese rechtlichen und gesellschaftspolitischen Anforderungen, denen eine Organisation nachkommen muss (Corporate Compliance), erfordern ein entsprechendes Risikomanagement. Wichtige Informationen hierzu sind in der neuen ISO 37301 sowie der ISO 31000 zu finden.

Eine flankierende Motivation der Industrie – vertreten durch ihre jeweiligen Verbände – besteht auch darin, mehr Marktüberwachung durch die Behörden einzufordern, um die „schwarzen Schafe“ vom Markt zu entfernen, die nichtkonforme Produkte in den Verkehr bringen. Dazu wurde ein neuer Rechtsrahmen mit der Verordnung (EU) 2019/1020 geschaffen, die ab dem 16. Juli 2021 von den Mitgliedstaaten anzuwenden ist. Nicht selten zeigen Unternehmen ihre Wettbewerber bei den Marktüberwachungsbehörden an, wenn sie Erkenntnisse über nichtkonforme Produkte (z. B. durch Vergleichstests) erhalten.

Ein Anliegen der Autoren ist es, Wissenslücken bei den tatsächlich verantwortlichen Mitarbeitern unterschiedlicher Bereiche zu schließen, sodass die „Product Compliance nicht zum Glücksspiel wird“ (siehe Bild 1). In den bestehenden Unternehmensstrukturen und Managementsystemen, insbesondere auch im Mittelstand, gibt es wenig Produktkonformitätsbeauftragte (Product Compliance Officer) oder Risk Manager. Die dennoch beauftragten „Kümmerer“ verfügen aber selten über die erforderlichen Kompetenzen und Ressourcen (Rechtskenntnisse, Zeit, Kapazitäten usw.), um alle Unternehmensbereiche mit den erforderlichen Informationen adäquat zu versorgen.

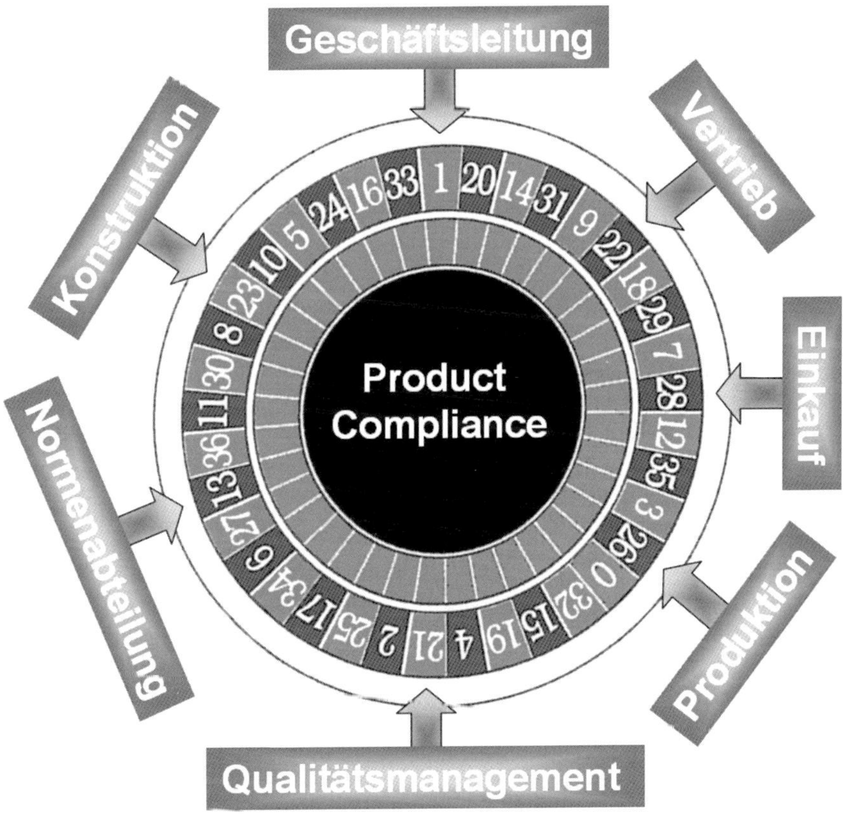

Bild 1: Product Compliance sollte kein Glücksspiel sein!

Die vorliegende Publikation möchte als Praxishandbuch

- einen Schnelleinstieg über die CE-Anforderungen bieten,
- die wesentlichen Rechtspflichten der Verantwortlichen involvierter Abteilungen eines Unternehmens aufzeigen und
- konkrete und praxisorientierte Handlungsempfehlungen für eine rechtskonforme Anwendung der Harmonisierungsrechtsvorschriften bzw. nationalen Umsetzungsvorschriften an die Hand geben.
- Im Rahmen dieses Buchs kann diese komplexe Materie nicht vollständig und umfassend abgehandelt werden. In den verschiedenen Kapiteln wird daher auf weiterführende Literatur verwiesen, in der die Product-Compliance-Pflichten sehr ausführlich beschrieben werden. Es geht den Autoren vor allen Dingen darum, dass in den Unternehmen eine Diskussion angestoßen wird, wie die Verantwortung zum rechtskonformen Inverkehrbringen bzw. Bereitstellen auf dem Markt von Produkten in den einzelnen Prozessen umzusetzen ist. Dazu müssen alle Abteilungen, die in der Wertschöpfungskette eingebunden sind, sensibilisiert, informiert und geschult werden.

Inhaltsverzeichnis

1 Unternehmerpflichten

1.1 Einleitung

Im Zusammenhang mit den gestiegenen Rechtspflichten, die von einem Unternehmen zu erfüllen sind, hat sich der englische Begriff „Compliance“ etabliert. Dazu gehören Bereiche wie z. B. Anti-Korruption oder Finance Compliance [1]. Kernthema dieser Publikation ist aber das Thema **Product Compliance** bzw. **Produktkonformität**:

> Product Compliance beschreibt alle rechtlichen Vorgaben, die ein Produkt beim Bereitstellen auf dem Markt (siehe auch Kapitel 2.1 und 6.1) einhalten muss. Den Wirtschaftsakteuren wird somit die Rechtspflicht zum Handeln und Organisieren auferlegt. Der Begriff Konformität wird in DIN EN ISO 9000 (Abschnitt 3.6.11 in [2]) definiert als Erfüllung einer Anforderung. Hierzu gehören alle relevanten Produktkonformitätsanforderungen (Eco-Design, EMV, elektrische/mechanische Sicherheit, Funkspektrum, WEEE, RoHS usw.), die in den einschlägigen Rechtsvorschriften und Normen geregelt sind. Weitere Begriffe sind u. a. in DIN EN ISO/IEC 17000 definiert, siehe auch [3].
>
> Beispiele: Gesetz über die elektromagnetische Verträglichkeit, Produktsicherheitsgesetz nebst Verordnungen, Gesetz über die umweltgerechte Gestaltung energieverbrauchsrelevanter Produkte, Elektro- und Elektronikgesetz, Batteriegesetz.

Im weltweiten Handel ist der Hersteller aufgefordert, die jeweils lokal geltenden Product-Compliance-Anforderungen vor dem Marktzugang zu ermitteln (siehe Bild 6), da diese sich in der Regel von den europäischen Anforderungen unterscheiden!

Ein wesentliches Element des Europäischen Binnenmarktrechts ist die *neue Konzeption*, die bereits 1985 per Entschließung beschlossen wurde [4] und viele Produktbereiche sowie Industriezweige erfasst. Dieser Ansatz wurde im Jahr 2008 durch den Beschluss 768/2008/EG [7] als „New Legislative Framework“ (NLF) aktualisiert. Als eine der Kernanforderungen des NLF bringt der Hersteller oder sein Bevollmächtigter das CE-Kennzeichen (Bild 2) am Produkt an, wenn das Produkt konform mit den Vorschriften der jeweils gültigen Harmonisierungsrechtsvorschriften (EU-Richtlinien oder EU-Verordnung) ist. Das CE-Kennzeichen ist kein Qualitätssiegel oder Prüfzeichen wie z. B. das GS-Zeichen (geprüfte Sicherheit). Es richtet sich ausschließlich an die Marktüberwachungsbehörden, die bei CE-gekennzeichneten Produkten von der Konformität ausgehen (sogenannte Konformitätsvermutung), und kann deshalb als eine Art Reisepass innerhalb der Europäischen Union angesehen werden. Ob das CE-Kennzeichen zu Recht angebracht wurde, ist jedoch eine ganz andere Frage. Es kann auch keine Qualitätsaussage abgeleitet werden.

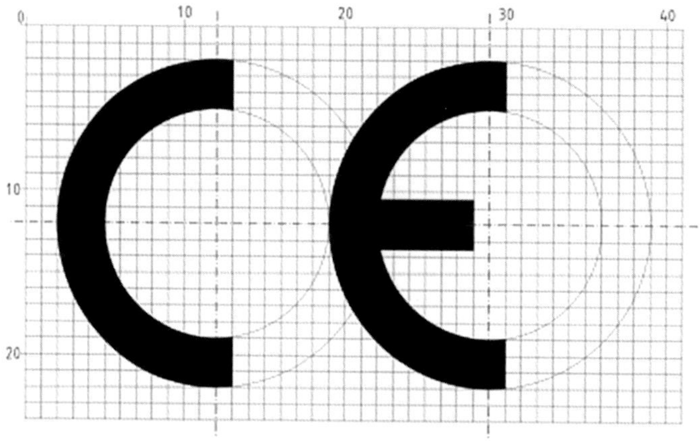

Bild 2: CE-Kennzeichen

Das NLF teilt sich in zwei Arten von Harmonisierungsrechtsvorschriften auf (siehe dazu auch Anhang):

1) Horizontale (produktunabhängige) Harmonisierungsrechtsvorschriften
   - EMV-Richtlinie (phänomenorientiert) und
   - Niederspannungsrichtlinie, die Betriebsmittel mit Eingangs- und/oder Ausgangsspannungen > 50 V_{AC} oder > 75 V_{DC} erfasst.
2) Spezifische Industriesektoren, für die vertikale Harmonisierungsrechtsvorschriften gelten.
   - Maschinen,
   - Druckgeräte und einfache Druckbehälter,
   - Geräte für die explosionsgefährdete Umgebung,
   - Medizinprodukte,
   - Spielzeug,
   - Funkanlagen oder
   - persönliche Schutzausrüstungen.

Zusätzlich können für diese Produkte und Branchen weitere Rechtsvorschriften gelten, die vor dem Bereitstellen auf dem Markt zu erfüllen sind (siehe Tabelle 7). Hier kommen z. B. die zahlreichen Vorschriften zur umweltgerechten Produktentwicklung wie Öko-Design-Richtlinie, RoHS-, WEEE-Richtlinie oder die REACH-Verordnung in Frage.

Aber auch Vorschriften der *alten Konzeption* sind hier zu nennen (z. B. Automotive-Sektor). Diese Art von Vorschriften beinhalten im Unterschied zum NLF sehr konkrete technische Anforderungen (ohne das Konformitätsvermutungsprinzip).

Wie bereits oben angeführt, wurden zum NLF zwei neue Regelwerke in 2008 mit der Verordnung (EG) 765/2008 [5] und dem Beschluss 768/2008/EG [7] veröffentlicht. In diesen Regelwerken wurde damals der Begriff **Wirtschaftsakteure** eingeführt. Durch die neue Verordnung (EU) 2019/1020 [6] wurde ein fünfter Wirtschaftsakteur neu hinzugefügt:

- Hersteller,
- Bevollmächtigter,
- Einführer,
- *Fulfilment-Dienstleister* und
- Händler.

Innerhalb der Lieferkette (supply chain) hat der einzelne Wirtschaftsakteur gewisse Rechtspflichten zu erfüllen. Die erste EU-Richtlinie, die nach dem neuen Modulbeschluss 768/2008/EG verfasst wurde, war die Spielzeugrichtlinie 2009/48/EG [8], die inzwischen auch zur Revision ansteht. In dieser Rechtsvorschrift sind die jeweiligen Rechtspflichten der einzelnen Wirtschaftsakteure detailliert geregelt. Diese Anforderungen müssen in die entsprechenden Prozesse umgesetzt werden. Gemäß Verordnung (EU) 2019/1020 [6] ist

Inverkehrbringen definiert als „die erstmalige Bereitstellung eines Produkts auf dem Unionsmarkt“

- **Bereitstellung auf dem Markt** definiert als jede entgeltliche oder unentgeltliche Abgabe eines Produkts zum Vertrieb, Verbrauch oder zur Verwendung auf dem Unionsmarkt im Rahmen einer Geschäftstätigkeit.

Viele dieser Harmonisierungsrechtsvorschriften unterscheiden dabei nicht zwischen dem Handel von Industrieerzeugnissen und Verbraucherprodukten. So unterliegt ein Testsystem zu Simulationszwecken, integriert in einem 19-Zoll-Schrank (230-V_{AC}-Anschluss), welches z. B. für die Luftfahrtindustrie gedacht ist, der Niederspannungs- und EMV-Richtlinie genauso wie ein Wasserkocher im Haushaltsbereich. Handelt es sich bei einem Produkt um ein Serienprodukt, müssen natürlich alle ausgelieferten Produkte innerhalb dieser Charge rechtskonform sein!

Welche Voraussetzungen müssen erfüllt werden, dass Produkte auf dem Markt bereitgestellt und in den Betrieb genommen werden dürfen?

Zunächst muss der Hersteller die Vorschriften ermitteln, die für sein Produkt in Europa obligatorisch – sprich: rechtsverbindlich – sind (siehe Tabelle 7) und die in das Produktdesign integriert werden müssen.

Diese Pflicht obliegt dem Hersteller. Er ist dafür verantwortlich, die für sein Produkt geltenden Vorschriften zu kennen und zu erfüllen. Und nur zum Verständnis sei hier betont: Es handelt sich bei den Harmonisierungsrechtsvorschriften um europäische Rechtsvorschriften und nicht um freiwillig anzuwendende Industrierichtlinien. Allen Harmonisierungsrechtsvorschriften gemeinsam ist, dass die Wirtschaftsakteure verantwortlich für das Bereitstellen verkehrssicherer Produkte innerhalb der Europäischen Union sind. Dabei unterscheiden sich die Verantwortlichkeiten des jeweiligen Wirtschaftsakteurs.

In diesem Zusammenhang werden seit 1. Dezember 2009 – begründet durch den in Kraft getretenen Lissabon-Vertrag – alle neu erlassenen Rechtsakte wie folgt bezeichnet:

- EU-Richtlinien mit <Jahreszahl>/<Zählnummer>/EU
- Verordnung (EU) <Zählnummer>/<Jahreszahl>
- Beschluss <Jahreszahl>/<Zählnummer>/EU

Seit dem 1. Januar 2015 gilt für EU-Rechtsakte eine neue Nummerierung. Den in der Reihe L (Rechtsakte) im Amtsblatt der Europäischen Union (ABl.) veröffentlichten Dokumenten werden Nummern anhand einer neu festgelegten Methode zugewiesen. Nach dieser neuen Methode, mit der die bisherigen divergierenden Praktiken harmonisiert und vereinfacht werden, tragen die EU-Rechtsakte einheitliche laufende Nummern.

Dadurch werden sowohl der Zugang zum EU-Recht als auch das Auffinden und die Referenzierung von Rechtsakten vereinfacht. Die seit diesem Stichtag in der Reihe L des Amtsblatts veröffentlichten Dokumente werden vom Amt für Veröffentlichungen der Europäischen Union wie folgt nummeriert:

(Vertragskürzel) YYYY/N

- Vertragskürzel: – (EU), (Euratom), (EU, Euratom), (GASP) – erscheinen in Klammern vor der Nummer; sie sind nach wie vor sprachenabhängig.
- YYYY steht für das Jahr der Veröffentlichung und ist stets vierstellig.
- N steht für die laufende Nummer des Dokuments eines bestimmten Jahres, unabhängig vom zugrunde liegenden Vertrag und der Art des Dokuments, und weist so viele Stellen auf wie notwendig.

Durch dieses neue Format kann es somit nicht mehr zu Doppelungen bei der Nummerierung kommen, da diese fortlaufend ist.

Fiktive Beispiele:

- Verordnung (EU) 2015/1 des Europäischen Parlaments und des Rates ...
- Richtlinie (EU) 2015/2 des Europäischen Parlaments und des Rates ...
- Beschluss (EU) 2015/3 des Rates ...
- Beschluss (GASP) 2015/4 des Rates ...
- Delegierte Verordnung (EU) 2015/5 der Kommission ...
- Durchführungsrichtlinie (EU) 2015/6 der Kommission ...
- Beschluss (EU) 2015/7 des Europäischen Parlaments ...
- Beschluss (EU, Euratom) 2015/8 des Europäischen Parlaments ...

Für bestimmte Dokumente gilt die neue Nummerierung nicht, z. B.:

- internationale Übereinkommen und Angaben zum Datum ihres Inkrafttretens,
- Berichtigungen.

Diese Dokumente werden nach wie vor nicht nummeriert.

Alle vor diesem Stichtag erlassenen Rechtsakte behalten ihre bisherige Bezeichnung (z. B. Maschinenrichtlinie 2006/42/EG, Beschluss 768/2008/EG, Verordnung (EG) 765/2008). Diese EU-Rechtsvorschriften gelten immerhin in 27 Mitgliedstaaten sowie Island, Liechtenstein und Norwegen (bilden den Europäischen Wirtschaftsraum, kurz: EWR). Dazu kommen noch die Schweiz und die Türkei, die vielfach und freiwillig die Harmonisierungsrechtsvorschriften in ihr nationales Recht übernommen haben [9]. Das Vereinigte Königreich ist zwar aus der EU ausgetreten, allerdings basieren die meisten britischen Rechtsvorschriften auf den EU-Harmonisierungsrechtsvorschriften – mit dem Unterschied, dass die UKCA-Kennzeichnung eingeführt wurde.

Je nach Unternehmensgröße ist natürlich nicht eine einzige Person an dem gesamten Prozess der Konformitätsbewertung und -sicherstellung beteiligt, sondern es wird eine ganze Reihe von Personen aus vielen verschiedenen Abteilungen direkt oder indirekt involviert sein (müssen).

Es muss nur „jemand" organisieren, aber wer?

Dazu beispielhaft zwei Passagen aus den beiden Rechtsvorschriften zur Maschinensicherheit (Richtlinie 2006/42/EG) und elektromagnetischen Verträglichkeit (2014/30/EU):

> Maschinenrichtlinie 2006/42/EG, Art. 5 Abs. 3:
>
> „Der Hersteller oder sein Bevollmächtigter muss im Hinblick auf das in Art. 12 genannte Verfahren über die notwendigen Mittel verfügen oder Zugang zu ihnen haben, um sicherzustellen, dass die Maschine die in Anhang I aufgeführten grundlegenden Sicherheits- und Gesundheitsschutzanforderungen erfüllt."

> EMV-Richtlinie 2014/30/EU, Anhang II Nr. 4:
>
> „Der Hersteller trifft alle erforderlichen Maßnahmen, damit der Fertigungsprozess und seine Überwachung die Konformität der hergestellten Geräte mit den in Nummer 3 dieses Anhangs genannten technischen Unterlagen und mit den wesentlichen Anforderungen nach Anhang I Nummer 1 gewährleisten."

Wer trägt innerhalb eines herstellenden Unternehmens die persönliche Verantwortung für die innerbetriebliche Umsetzung? Das öffentliche Recht, in dem die Vorschriften zum Inverkehrbringen bzw. Bereitstellen auf dem Markt angesiedelt sind, adressiert hier die juristische Person, den Geschäftsführer bzw. den Vorstand oder bei einer Personengesellschaft die natürliche Person.

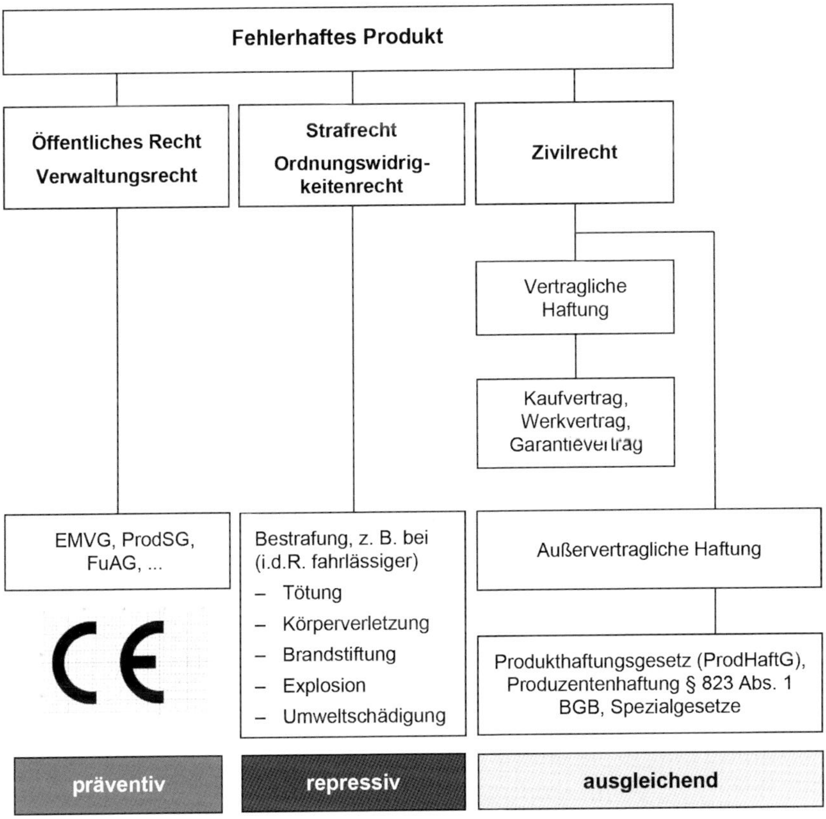

Bild 3: Juristische Landkarte in Deutschland

Das Management ist demnach rechtlich verpflichtet, alle Maßnahmen zu treffen, dass Produkte tatsächlich auch verkehrssicher sind. Die Rechtsprechung kennt hier die sogenannten Verkehrssicherungspflichten. In Bild 3 ist die Rechtssystematik für Deutschland als juristische Landkarte dargestellt, mit deren Hilfe dieser Begriff in den nachfolgenden Abschnitten näher erläutert wird.

1.2 Vorschriften des öffentlichen Rechts

Im Bereich des öffentlichen Rechts (siehe Bild 3) muss der Hersteller die für das Produkt in Frage kommenden Product-Compliance-Anforderungen ermitteln und im Design berücksichtigen, sodass das Produkt den entsprechenden Vorschriften entspricht. Sofern das Produkt weltweit vermarktet werden soll, wird die Ermittlung der Vorschriften dementsprechend anspruchsvoller. Erst wenn die jeweils relevanten öffentlich-rechtlichen Rechtsvorschriften erfüllt sind, dürfen Produkte in den Verkehr gebracht werden.

Entsprechende „Regulatory Essentials“ sowie das neue Product Compliance Portal ROGER WILLCO geben zum Thema Marktzugangsvoraussetzungen sowie den gesetzlichen und behördlichen Anforderungen wertvolle Informationen (z. B. für USA, Kanada, China, Japan, Brasilien, Korea, Russland oder Indien, siehe z. B. [10] und [11]) .

Eine hilfreiche Informationsstelle für verschiedene Fragestellungen zu technischen Vorschriften im Im- und Export stellt der TBT Enquiry Point Deutschland dar [12]. TBT steht für Technical Barriers to Trade (Übereinkommen über technische Handelshemmnisse) und stellt ein bedeutendes internationales Abkommen im Bereich der technischen Vorschriften dar. Im Rahmen eines Notifizierungsverfahrens sind alle Mitglieder der Welthandelsorganisation (WTO) verpflichtet, den anderen Mitgliedern über das WTO-Sekretariat ihre Entwürfe von technischen Vorschriften oder Konformitätsbewertungsverfahren zur Kenntnis zu geben. Wenn ein WTO-Mitgliedsland in einer geplanten technischen Vorschrift oder in den Standards eines anderen WTO-Mitglieds eine Benachteiligung seiner wirtschaftlichen Tätigkeiten oder gar ein technisches Handelshemmnis sieht, so kann es seine Einwände innerhalb der gesetzten Fristen vortragen. Die Notifizierungen sämtlicher WTO-Mitgliedstaaten sind auf einer kostenfreien öffentlichen Informationsplattform im Internet zugänglich (https://ec.europa.eu/growth/tools-databases/tbt/).

Innerhalb der Europäischen Union wurde im Zuge der technischen Harmonisierung im Jahr 1985 die *neue Konzeption* in der Europäischen Gemeinschaft eingeführt (CE-Kennzeichnung), siehe [4]. Das vorrangige Ziel bestand in der Deregulierung und der Stärkung der Herstellereigenverantwortung. Dazu wird in den einzelnen Harmonisierungsrechtsvorschriften die interne Fertigungskontrolle (Modul A gemäß Beschluss 768/2008/EG) rechtlich bindend eingefordert. Der Vorteil besteht darin, dass für eine große Zahl von Produktbereichen die Einschaltung einer Drittstelle (notifizierte Stelle) nicht zwingend gefordert wird.

Die *neue Konzeption* basiert auf den folgenden vier Grundprinzipien (Anhang II in [4]):

1) Definition der grundlegenden Anforderungen (z. B. EMV, Sicherheit, Explosionsschutz) in den jeweiligen Harmonisierungsrechtsvorschriften in allgemeiner Form.
2) Erteilung von Mandaten der EU-Kommission an die europäischen Normungsorganisationen CEN, CENELEC und ETSI zur Erarbeitung von harmonisierten Normen, deren Referenzen im EU-Amtsblatt angezeigt werden.
3) Die Anwendung von harmonisierten Normen bleibt dennoch freiwillig.
4) Bei Anwendung und Erfüllung harmonisierter Normen kann der Hersteller die Konformität vermuten. In diesem Fall müssen die Marktüberwachungsbehörden eine angenommene Nichtkonformität mit den Normen nachweisen (Beweislastumkehr). Dazu entnehmen die zuständigen Behörden auf Basis der Verordnung (EU) 2019/1020 aktiv Proben aus dem Markt (Marktüberwachung). Werden hingegen keine harmonisierten Normen angewandt, hat der Hersteller den Nachweis der Konformität mit den grundlegenden Anforderungen zu erbringen. Der eingeschlagene Lösungsweg ist in den technischen Unterlagen zu dokumentieren.

Der Hersteller oder sein Bevollmächtigter bescheinigt die Konformität mittels EU-Konformitätserklärung und nimmt die CE-Kennzeichnung am Produkt in Eigenverantwortung vor. Im Rahmen der Marktüberwachung dürfen die jeweils zuständigen Behörden Firmengebäude oder Handelshäuser betreten und entsprechende Waren zu Kontrollzwecken entnehmen. Aufgrund der neuen Verordnung (EU) 2019/1020 müssen sich die Wirtschaftsakteure auf eine Intensivierung der Marktüberwachungsaktivitäten einstellen, die auch von Industrieverbänden zur Vermeidung von Wettbewerbsverzerrungen eingefordert wird.

In Tabelle 1 sind die wesentlichen Schritte eines Konformitätsbewertungsprozesses auf Basis der entsprechenden Product-Compliance-Anforderungen dargestellt.

Tabelle 1: Konformitätsbewertungsprozess

Anforderungen	Aktionen	Ergebnisse
Produkte dürfen **nur** in Verkehr gebracht werden, wenn sie den jeweils relevanten Rechtsvorschriften entsprechen (**Product Compliance**).	**1: Integration eines Product Compliance Workflow in den Produktentstehungsprozess**	**Strukturierte Organisation**
EWR: Harmonisierungsrechtsvorschriften (CE-Kennzeichnung, e1), Verordnungen (REACH usw.) Außerhalb des EWR: Es gelten **lokale Rechtsvorschriften** hinsichtlich des Inverkehrbringens und Produkthaftung.	**2: Ermittlung, Analyse** und **Überwachung** der relevanten **Rechtsvorschriften**	**Konkrete Benennung der Absatzländer: EWR? USA? Kanada? Korea? China? Japan? Indien? Brasilien? Russland? ...**
Durchführung der Konformitätsbewertung darf nur von **qualifiziertem** und/oder **befugtem Personal** erfolgen.	**3: Qualifizierung aller Teilprozessnehmer** (Schulung, Workshops)	**Einrichtung einer verantwortlichen Stelle „Product Compliance" im Unternehmen**
Die grundlegenden **Sicherheits- und Gesundheitsanforderungen müssen erfüllt** werden. Weitere Aspekte: EMV, RoHS, WEEE, Funk, REACH usw..	**4: Durchführung** einer konstruktionsbegleitenden **Risikobeurteilung**	**Bewertetes Risiko und Kosten der Product Compliance**
Die **Übereinstimmung (Compliance)** mit den grundlegenden Anforderungen **muss nachgewiesen** werden.	**5: Recherche, Analyse** und **Beschaffung** der harmonisierten **Normen** mit Vermutungswirkung als Grundlage zur **Durchführung der Konformitätsbewertung**	**Dokumentierte Ergebnisse der Konformitätsbewertung** (technische Dokumentation für Marktüberwachungsbehörden)
Beispiel: EWR Nur der Hersteller oder sein Bevollmächtigter darf die **CE-Kennzeichnung** anbringen.	**6: Bescheinigung** der **Übereinstimmung** mit den rechtlichen Anforderungen aus den Harmonisierungsrechtsvorschriften mit der EU-Konformitätserklärung durch den Hersteller	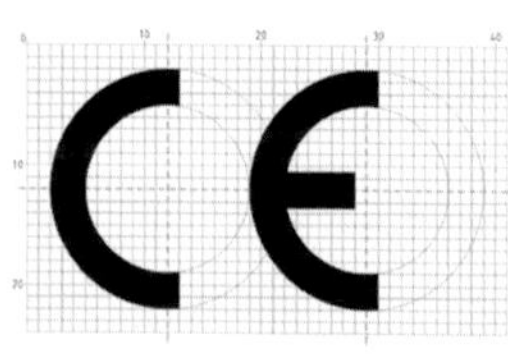

Zu den einzelnen Aktionen ergeben sich grundsätzliche Fragen, die im Unternehmen hinsichtlich Relevanz, Akzeptanz, Umsetzungsgrad und Erfüllung beantwortet werden sollten, um somit ggf. Unzulänglichkeiten aufzudecken:

- Was verstehen Sie unter Product Compliance?
- Wie ist das Thema Product Compliance im Unternehmen implementiert?
- Wie hoch schätzen Sie die Wahrnehmung für dieses Thema in den Abteilungen Einkauf, Vertrieb, Entwicklung und auch der Geschäftsführung ein?
- In welchen globalen Märkten vertreiben Sie Ihre Produkte, und kennen Sie für diese Märkte alle relevanten und zu erfüllenden Rechtsvorschriften?
- Über welche Informationskanäle beschaffen Sie sich Informationen zur Product Compliance? Werden Datenbanken genutzt und/oder Berater eingeschaltet (siehe Internetadressen, Anhang)?
- Wie ist bei Ihnen die Vorschriften- und Normenüberwachung organisiert?
- Inwieweit ist das Thema Risikobeurteilung im Produktentstehungsprozess implementiert?
- Wie sehen Sie die zukünftige Entwicklung des Themas Product Compliance?
- Wie gehen die Wettbewerber mit diesem Thema um?
- Wo sehen Sie 1. für Ihre persönliche Tätigkeit und 2. für das Unternehmen potenzielle Geschäftsrisiken im Zusammenhang mit Product Compliance?
- Wo sehen Sie potenzielle Verantwortlichkeiten (Kunden, Lieferanten, Distributoren, Prüfstellen, externe Berater, Behörden usw.)?

Für den Absatzmarkt Europäische Union sind die jeweiligen EU-Richtlinien von allen Mitgliedstaaten in nationales Recht zu überführen, außer es handelt sich um Verordnungen. Entsprechende Sanktionen der Marktüberwachungsbehörden werden in jedem Fall auf Basis der national umgesetzten Rechtsvorschriften ausgesprochen.

Zu beachten ist, dass nicht nur die CE-Vorschriften entsprechende Compliance-Anforderungen definieren, sondern dass für nicht gemeinschaftsweit harmonisierte Produktbereiche nationale Vorschriften gelten können (z. B. § 3 Abs. 2 ProdSG [28]).

BEISPIEL 1: „Nicht harmonisierter Bereich" (keine Harmonisierungsrechtsvorschriften anwendbar)

Ein elektrisches Messgerät mit 36 V_{DC} ist für den Einbau als 19"-Einschub in ein übergeordnetes System vorgesehen und ist nicht für den Endnutzer im Handel erhältlich und wird ausschließlich an weiterverarbeitende Betriebe verkauft. Es enthält einen internen Rechner zur Messdatenerfassung, eine Laser-Quelle (Pikosekundenbereich) und eine externe, drahtgebundene USB-Schnittstelle. Das Inverkehrbringen erfolgte am 24. September 2021.

Lösung:

Dieses elektrische Messgerät fällt nicht in den Geltungsbereich

1) des EMV-Gesetzes, da es nicht für den Endnutzer im Handel erhältlich ist (§ 3 Nr. 2 lit. b) in Verbindung mit § 7 Abs. 1 EMVG) und
2) auch nicht unter die 1. Verordnung zum Produktsicherheitsgesetz (ProdSG), da es mit Spannungen $< 75\ V_{DC}$ an den Spannungsklemmen betrieben wird.

Demzufolge ist dieses Gerät nicht mit der CE-Kennzeichnung zu versehen. Gemäß 1. ProdSV (Niederspannungsverordnung in Umsetzung der Niederspannungsrichtlinie 2014/35/EU) in Verbindung mit dem ProdSG [14] ist es dementsprechend verboten (vgl. Art. 30 Abs. 2 der Verordnung (EG) 765/2008), eine CE-Kennzeichnung anzubringen, wenn eine Verordnung oder ein Gesetz in Deutschland dies nicht vorsieht.

Da somit dieses Gerät in den nicht harmonisierten Bereich fällt, gilt nationales Sicherheitsrecht. Dementsprechend darf dieses Gerät gemäß § 3 Abs. 2 ProdSG nur in den Verkehr gebracht werden, wenn es bei bestimmungsgemäßem Gebrauch oder vorhersehbarer Verwendung die Sicherheit und Gesundheit von Personen nicht gefährdet. Diese Vorschrift gilt in Deutschland. In anderen Ländern kann es ähnliche Sicherheitsvorschriften geben. Das EMV-Thema wäre per Lasten- und Pflichtenheft vertragsrechtlich zu vereinbaren.

BEISPIEL 2: „Harmonisierter Bereich" (es gelten Harmonisierungsrechtsvorschriften)

Ein Hersteller möchte ein Funkmodul in den Verkehr bringen. Er plant die Markteinführung zum Winter 2021.

Lösung:

1) Funkmodule fallen in den Geltungsbereich der sog. Funkanlagenrichtlinie 2014/53/EU (umgesetzt als Funkanlagengesetz, FuAG) und unterliegen somit der CE-Kennzeichnungspflicht. Die Anwendung des EMV-Gesetzes sowie der 1. ProdSV wird dabei ausgeschlossen, da das FuAG nur auf die EMV-Anforderungen sowie Sicherheits- und Gesundheitsanforderungen dieser beiden Rechtsvorschriften verweist. Das Konformitätsbewertungsverfahren wird aber führend vom FuAG geregelt.
2) Seit 22. Juli 2014 ist die RoHS-Richtlinie 2011/65/EU auch für Medizinprodukte rechtsverbindlich anzuwenden und wird CE-kennzeichnungsrelevant. Demzufolge ist ab diesem Stichtag die neue RoHS-Richtlinie in der EU-Konformitätserklärung anzugeben.

In Bild 4 ist eine exemplarische EU-Konformitätserklärung (ohne Nennung von Fundstellen harmonisierter Normen) abgebildet und zeigt, wie diese zum Zeitpunkt des Inverkehrbringens aussehen sollte.

Weitere Hinweise zum Abfassen von Konformitätserklärungen enthält Kapitel 1.3.

EU-Konformitätserklärung
Nr. 370-1

WVC

Produkt: Funkschnittstelle LC2015-M
Baureihe: LC-F-M
Hersteller: WVC GmbG
Lagerstrasse 35
12479 Berlin

Das bezeichnete Produkt stimmt mit den Vorschriften folgender Europäischer Richtlinien überein:

Richtlinie Kurztitel Ausgabedatum	**Bezeichnung**
2014/53/EU Funkanlagen-Richtlinie	Richtlinie 2014/53/EU des Europäischen Parlaments und des Rates vom 16. März 2014 über die Harmonisierung der Rechtsvorschriften der Mitgliedstaaten über die Bereitstellung von Funkanlagen auf dem Markt und zur Aufhebung der Richtlinie 1999/5/EG
2011/65/EU RoHS-Richtlinie	Richtlinie 2011/65/EU des Europäischen Parlaments und des Rates vom 8. Juni 2011 zur Beschränkung der Verwendung bestimmter gefährlicher Stoffe in Elektro- und Elektronik-geräten (Neufassung)

Weitere Angaben über die Einhaltung dieser EU-Richtlinien enthält der Anhang. Diese Erklärung bescheinigt die Übereinstimmung mit den genannten Richtlinien, beinhaltet jedoch keine Zusicherung von Eigenschaften. Diese Erklärung gilt für alle Exemplare, die gemäß der technischen Dokumentation hergestellt werden.

Berlin, den 20. Dezember 2021

Dr. Marco Schloerzer
Geschäftsführer

Richard Held
Leiter Konstruktion

Bild 4: Muster einer Konformitätserklärung mit Pflichtangaben

1.3 Konformitätsbewertung – Konformitätserklärung von Anbietern

1.3.1 Gestaltung von Konformitätserklärungen

Zum Abfassen von Konformitätserklärungen wurde bereits vor einigen Jahren die ISO/IEC 17050 erarbeitet und auch als DIN EN ISO/IEC 17050 veröffentlicht (siehe Tabelle 4 sowie vertiefende Literatur [13]).

Diese Norm trägt den Haupttitel „Konformitätsbewertung – Konformitätserklärung von Anbietern" und gliedert sich in zwei Teile:

- Teil 1: Allgemeine Anforderungen
- Teil 2: Unterstützende Dokumentation

Teil 1 gibt allgemeine Hinweise über das Abfassen von Konformitätserklärungen durch einen Anbieter. Gegenstand ist die Bestätigung durch die erste Stelle (z. B. durch den Hersteller) als eine von drei Formen der Konformitätsbestätigung. Mit einer Konformitätserklärung kann der Anbieter die Übereinstimmung mit entsprechend festgelegten Anforderungen für ein Produkt, einen Prozess, ein Managementsystem, eine Person oder eine Stelle bescheinigen. Dies kann auf Basis einer gesetzlichen Anforderung (siehe Kapitel 1.3.2) oder auf Basis einer rein freiwilligen Herstelleraussage erfolgen.

Da die Konformitätserklärung immer von einer ersten Stelle ausgestellt wird, handelt es sich insofern regelmäßig um eine Eigenbescheinigung und nicht um ein Zertifikat. Bei Zertifizierungen sind zusätzlich dritte Stellen beteiligt, vgl. dazu auch Anmerkung 2 aus DIN EN ISO/IEC 17050-1:

> „Um Missverständnisse mit Bestätigungen durch Zertifizierungsstellen zu vermeiden, ist die Benennung ‚Selbstzertifizierung' zu missbilligen und sollte nicht verwendet werden."

Im Anhang A der DIN EN ISO/IEC 17050-1 ist eine Vorlage für eine Konformitätserklärung enthalten (siehe Bild 5), für die folgende Anforderungen gelten:

1) Eindeutige Identifizierung der Konformitätserklärung.
2) Angabe des verantwortlichen Ausstellers, ggf. mit Angabe des Geschäftsbereichs oder Abteilungen (empfehlenswert bei größeren Organisationen).
3) Eindeutige Beschreibung des Gegenstandes der Erklärung. Bei Serienprodukten ist der Produktname, -typ oder die Modellnummer anzugeben.
4) Alternative Konformitätsaussage: „Der oben beschriebene Gegenstand der Erklärung ist in der gelieferten Ausführung in Konformität mit den folgenden Dokumenten."

5) Angabe der Referenzdokumente (Fundstelle) für die Konformitätsaussage mit Angabe der Nummer, des Titels und des Ausgabedatums.
6) Zusätzliche Angaben wie z. B. Name und Anschrift von beteiligten Konformitätsbewertungsstellen, Bezug zu Prüfberichten oder technischen Unterlagen, weitere unterstützende Dokumentation (DIN EN ISO/IEC 17050-2).
7) Name und Funktion der unterzeichnenden Person (autorisiert durch das Management).

Der Zweck einer Konformitätserklärung besteht darin, dass der Ausstellende die Erfüllung festgelegter Anforderungen zusichert. Die Erklärung beinhaltet deshalb zwingend die klare Aussage, wer für die Konformität und die Erklärung verantwortlich ist. Wird die Konformitätserklärung in Bezug auf die Übereinstimmung mit Harmonisierungsrechtsvorschriften ausgestellt, ist für die Korrektheit der Konformitätsaussage allein der Hersteller als juristische Person (bei Personengesellschaften die natürliche Person) verantwortlich. Er kann lediglich bestimmte administrative Aufgaben an einen Bevollmächtigten delegieren.

Festgelegte Anforderungen können in normativen Dokumenten wie Normen, Leitfäden, technischen Spezifikationen, Gesetzen und Vorschriften (z. B. EU-Richtlinien, EU-Verordnungen) definiert sein.

HINWEIS

Es wird empfohlen, dass der die Ergebnisse der Konformitätsbewertung Beurteilende gegenüber dem Unterzeichner der Erklärung verschieden ist.

In Teil 2 der DIN EN ISO/IEC 17050 werden Hinweise zur unterstützenden Dokumentation für eine Konformitätserklärung gegeben. In dieser Dokumentation sind die Ergebnisse der Konformitätsbewertung wie z. B. Risikoanalysen, Prüfberichte oder Unterlagen, die die Konformitätsaussage stützen, enthalten. Die Erstellung einer solchen Dokumentation wird z. B. von den einschlägigen Harmonisierungsrechtsvorschriften zur CE-Kennzeichnung gefordert und muss zur möglichen Einsichtnahme durch Marktüberwachungsbehörden bereitgehalten werden. Durch regelmäßigen Erfahrungsaustausch mit diesen Marktüberwachungsbehörden ist den Autoren bekannt, dass an dieser Stelle noch Verbesserungspotenzial bzgl. der inhaltlichen Qualität dieser Dokumentation besteht. Dies verwundert umso mehr, da diese Dokumentation beispielsweise im Schadensfall zur Haftungsentlastung beitragen würde.

<table>
<tr><th colspan="4">Konformitätserklärung eines Anbieters (nach ISO/IEC 17050-1)</th></tr>
<tr><td>1)</td><td colspan="3">Nr. ....</td></tr>
<tr><td rowspan="3">2)</td><td>Name des Ausstellers:</td><td colspan="2"></td></tr>
<tr><td rowspan="2">Anschrift des Ausstellers:</td><td colspan="2"></td></tr>
<tr><td colspan="2"></td></tr>
<tr><td>3)</td><td>Gegenstand der Erklärung:</td><td colspan="2"></td></tr>
<tr><td rowspan="2">4)</td><td colspan="3">Das oben beschriebene Produkt ist konform mit den Anforderungen der folgenden Dokumente:</td></tr>
<tr><td>Dokument-Nr.</td><td>Titel</td><td>Ausgabe/
Ausgabedatum</td></tr>
<tr><td rowspan="3">5)</td><td>..</td><td>....................................</td><td>....................................</td></tr>
<tr><td>..</td><td>....................................</td><td>....................................</td></tr>
<tr><td colspan="3">Zusätzliche Angaben:</td></tr>
<tr><td rowspan="7">6)</td><td colspan="3">..</td></tr>
<tr><td colspan="3">..</td></tr>
<tr><td colspan="3">..</td></tr>
<tr><td colspan="3">Unterzeichnet für und im Namen von:</td></tr>
<tr><td colspan="3">..</td></tr>
<tr><td colspan="3">..</td></tr>
<tr><td colspan="3">(Ort und Datum der Ausstellung)</td></tr>
<tr><td>7)</td><td>..</td><td>....................................</td><td>....................................</td></tr>
<tr><td></td><td>(Name, Funktion)</td><td colspan="2">(Unterschrift oder Äquivalent, autorisiert durch den Aussteller)</td></tr>
</table>

Bild 5: Mustervorlage einer Konformitätserklärung gemäß DIN EN ISO/IEC 17050-1

1.3.2 EU-Konformitätserklärung und CE-Kennzeichnung

Eine Konformitätserklärung bekommt eine Rechtsrelevanz, wenn durch eine Harmonisierungsrechtsvorschrift im Rahmen eines Konformitätsbewertungsverfahrens eine EU-Konformitätserklärung als Voraussetzung für die CE-Kennzeichnung gefordert wird.

Im Beschluss 768/2008/EG wird mit Art. 5 die Ausstellung einer EU-Konformitätserklärung gefordert, sofern ein Produkt von einer Harmonisierungsrechtsvorschrift erfasst wird. Bereits veröffentliche Harmonisierungsrechtsvorschriften beinhalten in gleicher Weise Vorschriften über das Abfassen einer EU-Konformitätserklärung. Dabei ist es ausreichend, eine einzige Erklärung auszustellen, sofern ein Produkt unter mehrere Harmonisierungsrechtsvorschriften fällt. Die Fundstellen dieser Vorschriften (Nummer, ggf. Titel) sind anzugeben. Es liegt somit in der Herstellerverantwortung, alle produktrelevanten Harmonisierungsrechtsvorschriften zu kennen. Bevor ein Produkt in den Verkehr gebracht werden darf, muss es mit den gesetzlichen Anforderungen übereinstimmen. Dieser Sachverhalt wird als Konformität bezeichnet. Die einzelnen Prozessschritte, die zur Konformität führen sollen, sind durch ein Product Compliance Management (vgl. [15]) abzubilden. Am Ende der Konformitätsbewertung folgt im positiven Fall die Konformitätsaussage mittels der EU-Konformitätserklärung. In Anhang I, Artikel R10 des Beschlusses sind die Anforderungen zur EU-Konformitätserklärung geregelt:

1) Die EU-Konformitätserklärung besagt, dass die Erfüllung der in [Verweis auf den betreffenden Teil des Rechtsakts] genannten Anforderungen nachgewiesen wurde.
2) Die EU-Konformitätserklärung entspricht in ihrem Aufbau dem Muster in Anhang III des Beschlusses Nr. 768/2008/EG des Europäischen Parlaments und des Rates vom 9. Juli 2008 über einen gemeinsamen Rechtsrahmen für die Vermarktung von Produkten, enthält die in den einschlägigen Modulen des Anhangs II des genannten Beschlusses angegebenen Elemente und wird auf dem neuesten Stand gehalten. Sie wird in die Sprache bzw. Sprachen übersetzt, die von dem Mitgliedstaat vorgeschrieben wird/werden, in dem das Produkt in Verkehr gebracht wird bzw. auf dessen Markt das Produkt bereitgestellt wird.

Es ist zu beachten, dass einige Harmonisierungsrechtsvorschriften Zusatzanforderungen bzgl. der Inhalte einer EU-Konformitätserklärung beinhalten.

Beispiele:

- Die Spielzeugrichtlinie 2009/48/EG fordert die Abbildung eines Fotos des Spielzeugs.
- Die neue Funkanlagenrichtlinie 2014/53/EU fordert eine Beschreibung des Zubehörs und der Bestandteile einschließlich Software, die den bestimmungsgemäßen Betrieb der Funkanlage ermöglichen und von der EU-Konformitätserklärung erfasst werden.

Seitens der EU-Kommission gibt es keine besonderen Vorgaben zur Gestaltung einer EU-Konformitätserklärung. Allerdings verweist der Blue Guide[1] im Kapitel 4.4 auf die EN ISO/IEC 17050-1 (DIN EN ISO/IEC 17050-1).

In diesem Zusammenhang ist erwähnenswert, dass die EU-Kommission im Zusammenhang mit den Konformitätsbewertungsmodulen sowie den Anforderungen an die Akkreditierung von notifizierten Stellen auch harmonisierte Normen im EU-Amtsblatt veröffentlicht.

Im Zusammenhang mit den Harmonisierungsrechtsvorschriften sowie entsprechenden Praxiserfahrungen wird auf folgende Aspekte besonders hingewiesen:

HINWEIS

Verschiedene ADCO Working Groups haben sich im Zusammenhang mit der EN ISO/IEC 17050-1 zum Thema „Angabe der Fundstellen“ dahingehend geäußert, dass EU-Konformitätserklärungen ausschließlich mit der vollständigen Angabe der Fundstellen, also mit Nummer und Ausgabedatum im Rahmen von möglichen Marktaufsichtskontrollen akzeptiert werden. Die Normenangaben sind dabei vollständig anzugeben, also z.B. auch Normänderungen – sog. „Amendment“, die mit A1 oder A11 referenziert werden.

Werden harmonisierte Normen nicht oder nur zum Teil angewandt, ist ein Hinweis in der EU-Konformitätserklärung zu geben, dass weitere Hinweise zur Konformitätsaussage die technische Dokumentation enthält. Es empfiehlt sich, zusätzlich den nicht abgedeckten Teil der harmonisierten Norm anzugeben, beispielsweise „EN xxxxx (außer Kapitel y)“.

1 Als Blue Guide wird der „Leitfaden für die Umsetzung der Produktvorschriften der EU“ bezeichnet, der von der Kommission unter http://ec.europa.eu/growth/tools-databases/newsroom/cf/itemdetail.cfm?item_type=254&lang=en&item_id=7326 veröffentlicht wurde.

Werden anstatt harmonisierter Normen andere Spezifikationen herangezogen, sind diese Fundstellen gesondert anzugeben (beispielsweise durch die Angabe „weitere angewandte Spezifikationen oder Normen").

Grundsätzlich wird die europäische Schreibweise empfohlen: Angabe der Harmonisierungsrechtsvorschriften (z.B. 2011/65/EU statt Angabe der Deutschen Elektrostoffverordnung) sowie Angabe der harmonisierten Normen in der EN-Schreibweise (z.B. EN IEC 63000:2018-12 statt DIN EN IEC 63000:2019-05).

Wird eine EU-Konformitätserklärung für eine Serie von Produkten gleichen Typs ausgestellt, schließt die Konformitätsaussage die komplette Serie mit ein. Auf diesen Umstand weisen die Harmonisierungsrechtsvorschriften eindeutig hin. Im Einzelnen an zentraler Stelle im Beschluss 768/2008/EG, Anhang I, Artikel R2, Abs. 4 im Zusammenhang mit den Herstellerpflichten:

> „Die Hersteller gewährleisten durch geeignete Verfahren, dass stets Konformität bei Serienfertigung sichergestellt ist. Änderungen am Entwurf des Produkts oder an seinen Merkmalen sowie Änderungen der harmonisierten Normen oder der technischen Spezifikationen, auf die bei Erklärung der Konformität eines Produkts verwiesen wird, werden angemessen berücksichtigt."

Der Hersteller ist somit Herr des Verfahrens. Er muss feststellen, ob eine Änderung am Produkt eine wesentliche Änderung darstellt und somit die Konformität verschlechtert. Lautet die Antwort ja, handelt es sich um eine wesentliche Änderung und somit handelt es sich um ein neues Produkt. In diesem Fall muss die Konformitätsbewertung erneut vorgenommen werden und es gelten ggf. neue oder geänderte Normen, sodass eine neue EU-Konformitätserklärung ausgestellt werden muss.

Eine ähnliche Anforderung ist im Maschinenbau bekannt. Im Zusammenhang mit der Maschinenverordnung (9. ProdSV) hat Deutschland ein Interpretationspapier zum Thema „wesentliche Veränderung" veröffentlicht.[2] Liegt eine wesentliche Veränderung vor, handelt es sich regelmäßig um eine neue Maschine und somit ist das entsprechende Konformitätsbewertungsverfahren anzuwenden.

2 Bekanntmachung des Bundesministeriums für Arbeit und Soziales vom 9.4.2015 (IIIb5-39607-3), zu finden unter www.baua.de

HINWEIS

Im Rahmen des NLF wurden 8 EU-Richtlinien an den Beschluss 768/2008/EG in 2014 angepasst. Die nachfolgend genannten Harmonisierungsrechtsvorschriften sind seit dem 20. April 2016 rechtsverbindlich anzuwenden:

1) Richtlinie 2014/28/EU über zivile Explosivstoffe
2) Richtlinie 2014/29/EU über einfache Druckbehälter
3) Richtlinie 2014/30/EU über die elektromagnetische Verträglichkeit
4) Richtlinie 2014/31/EU über nicht selbsttätige Waagen
5) Richtlinie 2014/32/EU über Messgeräte
6) Richtlinie 2014/33/EU über Aufzüge
7) Richtlinie 2014/34/EU über Betriebsmittel zur Verwendung in explosionsgefährdeten Bereichen
8) Richtlinie 2014/35/EU über Niederspannungsprodukte

1.3.3 Weitere Rechtsvorschriften mit Anforderungen einer Konformitätserklärung

Neben den Harmonisierungsvorschriften zur CE-Kennzeichnung gibt es weitere Rechtsgebiete, die den Nachweis der Konformität durch das Ausstellen einer Konformitätserklärung fordern. Nachfolgend werden zwei Beispiele genannt:

BEISPIEL 1

Die sog. Interoperabilitäts-Verordnung (Verordnung (EU) 2018/1139) fordert bzgl. des europäischen Flugverkehrsmanagementnetzes gemäß Art. 5 in Verbindung mit Anhang III die Ausstellung einer EG-Konformitätserklärung oder EG-Gebrauchstauglichkeitserklärung für Komponenten:

EG-Konformitätserklärung

EG-Gebrauchstauglichkeitserklärung

1. Komponenten

Die Komponenten werden in den Durchführungsvorschriften für die Interoperabilität gemäß Art. 3 dieser Verordnung angegeben.

2. Anwendungsbereich

Die EG-Erklärung betrifft

- entweder die Bewertung der intrinsischen Konformität einer Komponente, die für sich betrachtet wird, mit den zu erfüllenden gemeinschaftlichen Spezifikationen oder
- die Bewertung/Beurteilung der Gebrauchstauglichkeit einer Komponente, die innerhalb ihres Flugverkehrsmanagement-Umfelds betrachtet wird.

Die von den benannten Stellen auf den Stufen der Konstruktion und Fertigung angewendeten Bewertungsverfahren beruhen gemäß den Bedingungen, die in den relevanten Durchführungsvorschriften für die Interoperabilität genannt sind, auf den im Beschluss 768/2008/EG festgelegten Modulen.

3. Inhalt der EG-Erklärung

Die EG-Konformitätserklärung oder EG-Gebrauchstauglichkeitserklärung und die Begleitunterlagen sind zu datieren und zu unterschreiben. Die Erklärung muss in derselben Sprache wie die Anleitungen abgefasst sein und folgende Angaben enthalten:

- Referenznummer der Verordnung;
- Name und Anschrift des Herstellers oder seines in der Gemeinschaft ansässigen Bevollmächtigten (Firma und vollständige Anschrift, im Fall des Bevollmächtigten auch die Firma des Herstellers);
- Beschreibung der Komponente;
- Beschreibung des zur Erklärung der Konformität oder Gebrauchstauglichkeit angewendeten Verfahrens (Art. 5 dieser Verordnung);
- alle einschlägigen Bestimmungen, denen die Komponente entspricht, und insbesondere die Bedingungen für die Nutzung der Komponente;
- gegebenenfalls Name und Anschrift der benannten Stelle oder Stellen, die an dem Verfahren bezüglich der Konformität oder Gebrauchstauglichkeit beteiligt waren, und Datum des Prüfzeugnisses, gegebenenfalls zusammen mit der Geltungsdauer und den Gültigkeitsbedingungen des Zeugnisses;
- gegebenenfalls Bezugnahme auf die befolgten gemeinschaftlichen Spezifikationen;
- Angabe der Person, die im Namen des Herstellers oder im Namen seines in der Gemeinschaft ansässigen Bevollmächtigen zeichnungsbefugt ist.

Dabei ist zu beachten, dass diese Verordnung nicht im Zusammenhang mit der neuen Konzeption (CE-Kennzeichnung) steht. Sie stellt ein eigenes Regelwerk dar. Zuständig ist in Deutschland das Bundeaufsichtsamt für Flugsicherung (BAF, www.baf.bund.de). Interessant ist, dass das BAF ein Dokument mit dem Titel „Richtlinie Interoperabilität für Flugsicherungsorganisationen und Hersteller (30. 11. 2014)“ herausgegeben hat, in der die Erstellung einer Compliance-Matrix zum Nachweis der Erfüllung des Anhangs II der Verordnung (EG) 552/2004 gefordert wird.

BEISPIEL 2

Im Warenverkehr mit Lebensmittelbedarfsgegenständen ist es üblich, Erklärungen zu leisten bzw. Bescheinigungen auszustellen im Hinblick auf die Eignung und Einhaltung der vorgegebenen lebensmittelrechtlichen Konformität. Spezifisch für Lebensmittelbedarfsgegenstände (synonym: Lebensmittelkontaktmaterialien) aus Kunststoff besteht seit 1997 die konkrete und verbindliche Maßgabe, in schriftlicher Form Informationen über die Einhaltung der geltenden Vorschriften sowie Angaben über Hersteller oder Einführer bereitzustellen (sog. Konformitätserklärungen). Im Zuge der Umsetzung von europäischen Richtlinien in die nationale Bedarfsgegenständeverordnung (BedGgstV) hat sich im Jahr 2008 Erläuterungsbedarf zu Konformitätserklärungen ergeben. Diese Vorschriften wurden 2011 in die neue europäische Kunststoff-Verordnung (EU) Nr. 10/2011[3] überführt, die das Konzept der Konformitätserklärung grundsätzlich fortschreibt. Aufgrund dieser Sonderstellung werden Kunststoffmaterialien hier schwerpunktmäßig behandelt.

Die grundlegenden Anforderungen an Materialien und Gegenstände, die für den Kontakt mit Lebensmitteln bestimmt sind (nach Definition des LFGB[4]), sind in der Rahmenverordnung (EU) Nr. 1935/2004 niedergelegt. Alle Lebensmittelbedarfsgegenstände haben grundsätzlich diesen allgemeinen Anforderungen zu entsprechen; sie sind nach „guter Herstellungspraxis so herzustellen, dass sie unter den normalen oder vorhersehbaren Verwendungsbedingungen keine Bestandteile auf Lebensmittel in Mengen

3 Verordnung (EU) Nr. 10/2011 der Kommission vom 14. Januar 2011 über Materialien und Gegenstände aus Kunststoff, die dazu bestimmt sind, mit Lebensmitteln in Berührung kommen (Amtsbl. L 12, S. 1, 15. 01. 2011).

4 Lebensmittel-, Bedarfsgegenstände- und Futtermittelgesetzbuch

abgeben, die geeignet sind, die menschliche Gesundheit zu gefährden oder eine unvertretbare Veränderung der Zusammensetzung (...) oder eine Beeinträchtigung der organoleptischen Eigenschaften der Lebensmittel herbeiführen“ (Art. 3 der Verordnung (EU) Nr. 1935/2004).

Die allgemeinen Anforderungen an die sogenannte „Gute Herstellungspraxis“ (GMP, good manufacturing practice, siehe auch GMP-Verordnung (EG) Nr. 2023/2006) bezogen auf den Herstellungsprozess von Lebensmittelbedarfsgegenständen sind ergänzend in der Verordnung (EU) Nr. 2023/2006 vorgegeben.

Gemäß Art. 16 dieser Rahmenverordnung ist die Konformitätserklärung eine schriftliche Zusicherung, dass ein Lebensmittelbedarfsgegenstand den geltenden Vorschriften entspricht. Ein solches Dokument ist nur dann obligatorisch, sofern dies in sog. Einzelmaßnahmen, d.h. in spezifischen Materialregelungen, vorgegeben ist. Ferner ist in Art. 16 festgelegt, dass Konformitätserklärungen zu stützen sind auf geeignete Unterlagen, mit denen die Einhaltung der Vorschriften nachgewiesen wird. Diese Unterlagen sind bereitzuhalten und den zuständigen Behörden auf Verlangen zur Verfügung zu stellen. Einzelmaßnahmen im Sinne der Rahmenverordnung (EU) Nr. 1935/2004, d.h. spezifische Vorschriften und Beschaffenheitsvorgaben für einzelne Materialien, sind nicht für alle Materialgruppen existent, sondern u.a. für Keramik, regenerierte Cellulose sowie für die große Gruppe der Kunststoffe. Sofern die Einzelmaßnahmen als EU-Richtlinien vorliegen, sind sie in der nationalen Bedarfsgegenständeverordnung umgesetzt; EU-Verordnungen gelten unmittelbar und sind nicht umsetzungsbedürftig.

Nachfolgend werden die einzelnen Informationen erläutert, die gemäß dem Wortlaut des Anhangs IV der Verordnung (EU) Nr. 10/2011 obligatorisch sind und die somit die Mindestanforderungen an eine Konformitätserklärung beschreiben:

1) Identität des Ausstellers der Erklärung

2) Hersteller bzw. Importeur des bescheinigten Materials

   Hersteller (Nr. 2) und Aussteller (Nr. 1) sind identisch, sofern es sich um Herstellererklärungen handelt; in bestimmten Fällen, z.B. beim Import oder beim Handel mit Lebensmittelkontaktmaterial, kann es sich um unterschiedliche Unternehmen handeln, dann muss der Aussteller den Hersteller oder Importeur identifizieren.

3) Identität des Materials

Der Lebensmittelbedarfsgegenstand, das Zwischenprodukt oder der Rohstoff sollten möglichst konkret benannt sein sowie weiter beschrieben werden (z. B. bedruckt/gefärbt); sofern erteilt, sind Materialnummern oder Spezifikationsnummern hier anzugeben.

4) Datum der Erklärung

5) Konformitätsbestätigung

Die Vorgabe in Anhang IV nimmt konkret Bezug auf die geltenden Vorschriften (Kunststoff-Verordnung (EU) Nr. 10/2011 und die EU-Rahmenverordnung (EU) Nr. 1935/2004). Die Bestätigung der Einhaltung kann kurz gefasst werden und sollte durch Bestätigung der Einhaltung des Globalmigrationsgrenzwerts (OML) konkretisiert werden. Ggf. kann für den nationalen Markt ergänzend die Bestätigung ergänzend auf §§ 30 und 31 LFGB abgestellt werden.

6) ausreichende Informationen zu verwendeten Stoffen oder deren Abbauprodukte mit Beschränkungen und/oder Spezifikationen

Anzugeben sind aus den verwendeten Stoffen nur solche Stoffe (Additive/ Monomere), die SML- oder QM-bewehrt sind. Sofern es bei den Spezifikationen in der Verordnung Beschränkungen für Abbauprodukte gibt, ist auch auf diese hinzuweisen.

Stoffe ohne Beschränkungen müssen nicht aufgelistet werden. Ziel ist es, den nachgelagerten Verwender ausreichend zu informieren, damit alle weiteren Prozessstufen geltende Grenzwerte einhalten können.

Informationen bezüglich der SML-/QM-Werte können in der Konformitätserklärung wie folgt angegeben werden:

- Option a) Es werden keine Stoffe mit SML- oder QM-Werten eingesetzt.
- Option b) Es werden Stoffe mit SML- oder QM-Werten eingesetzt und benannt; die Einhaltung der Grenzwerte wird für die angegebenen Lebensmitteltypen und Anwendungsbedingungen bestätigt. Diese Aussagen stützen sich auf die Dokumentation des Ausstellers der Konformitätserklärung (supporting documents). Die Offenlegung der einzelnen Stoffe mit Beschränkungen muss nicht zwingend im Rahmen der Konformitätserklärung erfolgen. Alternativ können in besonderen, vereinbarten Fällen der Geheimhaltung die spezifischen Informationen zu den einzelnen Stoffen auch gegenüber neutralen Dritten (z. B. Prüflaboratorien) offengelegt und durch diese Stellen die Einhaltung der Grenzwerte für die angegebenen Anwendungsbedingungen gegenüber dem Abnehmer bestätigt werden.

7) ausreichende Informationen über Dual-Use-Stoffe

Stoffe, die sowohl als Additive für Kunststoffe als auch als Lebensmittelzusatzstoffe zugelassen sind (Dual-Use-Stoffe), müssen aufgrund der gesetzlichen Beschränkung der Verwendung in Lebensmitteln gesondert in der Konformitätserklärung angegeben werden. Ziel ist, dem nachgelagerten Verwender zwingend die notwendigen Informationen über die zu erwartenden Stoffe mit Migrationspotenzial zu geben (Versuchsdaten oder theoretische Berechnungen über die spezifische Migration), damit in konkreten Anwendungen die lebensmittelbezogenen Vorschriften nicht verletzt werden. Hinweise, welche Stoffe Dual-Use-Stoffe in diesem Sinne sind, ergeben sich u. a. aus den einschlägigen europäischen Lebensmittelzusatzstoff-Verordnungen.

8) Spezifikationen zur Verwendung

Diese Angaben können insbesondere bei Packstoffen sehr umfassend sein; Ziel ist, dem Anwender eine möglichst gute Hilfestellung im Hinblick auf die spezifische Eignung des Lebensmittelbedarfsgegenstands zu geben. Bei Lebensmittelverpackungen ist die Spezifizierung des zu verpackenden Lebensmittels in Verbindung mit Angaben zur Lagerdauer und den Lagerbedingungen der Idealfall. In der Konformitätserklärung sind abgeleitet aus standardisierten Füllgutgruppen Eignungsangaben zu machen, insbesondere zu

a) Art oder Arten von Lebensmitteln, z. B.
   - Aggregatszustand
   - pH-Wert
   - entsprechende bzw. getestete Stimulanzien

b) Dauer und Temperatur des Lebensmittelkontakts, z. B.
   - Angaben zu Mikrowelleneignung
   - sterilisierbar
   - tiefkühlgeeignet

c) Verhältnis zwischen Kontaktfläche und Volumen, das der Konformitätsfeststellung zugrunde liegt.

Der Abgleich zwischen den spezifischen Anwendungsbedingungen eines Packstoffs bzw. Lebensmittelbedarfsgegenstands mit den korrelierenden Testbedingungen setzt idealerweise eine Kommunikation zwischen Hersteller und Anwender voraus. Eine Verpackungsspezifikation ist hierfür das

Mittel der Wahl. Kennt der Verpackungshersteller z. B. aus der Spezifikation die konkreten Anwendungsbedingungen wie Art des Lebensmittels, Kontaktzeit und Kontakttemperatur, kann er die Testbedingungen gemäß den geltenden Vorschriften durchführen. Alternativ können vom Hersteller getestete Anwendungsbedingungen mit höchstmöglicher Beanspruchung angegeben werden: z. B. Olivenöl, längstmögliche Kontaktzeit, Kontaktfläche, höchstmögliche Kontakttemperatur, bei der die Gesamtmigration nicht überschritten wird. Aus diesen Bedingungen ist wiederum für den Verwender ableitbar, in welchem Rahmen dieses Verpackungsmaterial einsetzbar ist. Bei Folien als flächige Verpackungen wird den Untersuchungen ein Oberflächen-Volumen-Verhältnis von 6 (Standardwürfel) zugrunde gelegt.

9) Mehrschichtmaterial oder funktionelle Barriere

Im Falle der Verwendung einer funktionellen Barriere ist im Rahmen der Konformitätserklärung die Einhaltung der besonderen Verwendungsverbote gemäß Art. 13 (Abs. 2, 3 und 4) sowie Art. 14 (Abs. 2 und 3) der Verordnung (EU) Nr. 10/2011 zu bestätigen.

Die obige Beschreibung sowie der beispielhafte Standard einer Konformitätserklärung entsprechen dem gesetzlichen Umfang (Mindestumfang). Zusätzliche Informationen, Spezifikationen und Vereinbarungen im Rahmen der Konformitätserklärung sind, bezogen auf das jeweilige Kunden-Lieferanten-Verhältnis, ergänzend möglich. Insbesondere dann, wenn für eine spezifische Anwendung ein Packstoff individuell entwickelt bzw. beschafft wird, werden die Parteien darüber hinaus gehende Offenlegungen und Zusicherungen vereinbaren.

1.4 Produkt- und Produzentenhaftung

Das Produkthaftungsgesetz [16][17][18] reguliert im Schadensfall die Schadensersatzansprüche, die gegen eine Firma gestellt werden können. Diese Haftung zielt ausschließlich auf den Fehler ab (verschuldensunabhängige Haftung) und betrifft im Zusammenhang mit Sachschadensersatzprozessen nur Verbraucherprodukte. Wird allerdings durch ein gewerbliches Produkt jemand verletzt oder gar getötet, gilt das Produkthaftungsgesetz auch für den gewerblichen Industriesektor.

In Deutschland gilt außerdem die sehr viel ältere deliktische (verschuldens*ab*hängige) Produzentenhaftung. Diese ist im § 823 BGB geregelt und behandelt das Thema der Schadensersatzpflicht, unabhängig, ob es sich um gewerbliche Produkte oder Verbraucherprodukte handelt:

1) Wer vorsätzlich oder fahrlässig das Leben, den Körper, die Gesundheit, die Freiheit, das Eigentum oder ein sonstiges Recht eines anderen widerrechtlich verletzt, ist dem anderen zum Ersatz des daraus entstehenden Schadens verpflichtet.

2) Die gleiche Verpflichtung trifft denjenigen, welcher gegen ein den Schutz eines anderen bezweckendes Gesetz verstößt. Ist nach dem Inhalt des Gesetzes ein Verstoß gegen dieses auch ohne Verschulden möglich, so tritt die Ersatzpflicht nur im Falle des Verschuldens ein.

Gemäß § 823 Abs. 2 BGB haftet der Hersteller eines fehlerhaften Produktes auch, wenn er gegen ein anderes Schutzgesetz verstoßen hat. Hier kämen z. B. die Maschinenverordnung (9. ProdSV), das Medizinproduktegesetz (MPG), die Niederspannungsverordnung (1. ProdSV) oder die Spielzeugverordnung (2. ProdSV) in Frage.

Es stellt sich die Frage, was der Hersteller aus § 823 Abs. 1 BGB für konkrete Anforderungen an die Produktentwicklung und hinsichtlich der Sorgfaltspflichten ableiten kann. Vom Bundesgerichtshof (BGH) findet der Unternehmer Rechtsprechungen zu den **Verkehrssicherungspflichten**, die sich in zwei Bereiche aufteilen:

1) Produktpflichten und

2) Betriebsorganisationspflichten.

Zu den **Produktpflichten** gehören im Einzelnen:

- die Konstruktions- und Planungspflicht,
- die Fabrikationspflicht (Qualitätssicherung in der Fertigung),

- die Zulieferpflichten und
- die Instruktionspflicht (Warnhinweise, Anleitungen),
- Produktbeobachtung (after market-Kontrolle) nebst einem Rückrufmanagementsystem [19].

Als Stichworte zu den **Betriebsorganisationspflichten** gehören z. B.:

- Kompetentes Personal sowie dessen Weiterbildung,
- Kenntnis des Standes von Wissenschaft und Technik (Mindestanforderung: Kenntnis der anerkannten Regeln der Technik, wie z. B. DIN-, EN-, ISO-, IEC-Normen),
- Reklamations- und Beschwerdemanagement [20],
- konkrete Aufgabendelegierung und deren Erfüllungsüberwachung im Betrieb samt Dokumentation.

Es sollte demnach vorrangiges Ziel sein, dass CE-gekennzeichnete Produkte oder auch Produkte im nicht harmonisierten Bereich (es gelten dann nationale Rechtsvorschriften!) mit allen rechtlich zutreffenden Anforderungen übereinstimmen, um eine Haftungsinanspruchnahme zu verhindern. Die entsprechenden Harmonisierungsrechtsvorschriften definieren die zu erfüllenden grundlegenden Sicherheits- und Gesundheitsanforderungen, treffen aber nur allgemeine Aussagen, wie dies vom Hersteller zu organisieren ist (siehe Kapitel 1.2). Im Schadensfall muss aber der Hersteller den Nachweis erbringen können, dass er seinen Produkt- und Betriebsorganisationspflichten nachgekommen ist.

Im Falle eines Personenschadens stellt der ermittelnde Staatsanwalt im Rahmen der strafrechtlichen Verfolgung folgende Frage:

Wie können Sie als Hersteller nachweisen, dass Sie Ihren Produkt- und Betriebsorganisationspflichten nachgekommen sind?

Wie bereits eingangs deutlich gemacht (siehe Kapitel 1.1), sei abschließend angemerkt, dass außerhalb des Europäischen Binnenmarktes auch Rechtsvorschriften existieren, die das Inverkehrbringen einzelner Produktbereiche und Product-Compliance-Aspekte regeln (Bild 6). Diese Vorschriften sind nicht zwangsläufig mit dem europäischen Ansatz der Konformitätsvermutung gleichzusetzen. Die Unkenntnis dieser Vorschriften ist geeignet, den ungestörten Warenvertrieb drastisch zu beeinflussen, wie nachfolgend weiter ausgeführt wird.

An dieser Stelle sei der Hinweis auf die neue DIN EN ISO 9001 [23] gestattet, die im Kapitel 8.2.2 „Bestimmen von Anforderungen für Produkte und Dienstleistungen“ folgende Anforderung stellt:

> „Bei der Bestimmung von Anforderungen an die Produkte und Dienstleistungen, die Kunden angeboten werden sollen, muss die Organisation sicherstellen, dass:
>
> a) die Anforderungen an das Produkt und die Dienstleistung festgelegt sind, einschließlich:
>
> 1) **jeglicher** zutreffender gesetzlicher und behördlicher Anforderungen; [...]“

Auch die außereuropäischen Produkthaftungsvorschriften müssen nicht zwangsläufig mit dem europäischen Ansatz der Produkthaftungsrichtlinie übereinstimmen, die übrigens selbst innerhalb der EU nicht 1:1 von jedem Mitgliedstaat umgesetzt wurde! Dem Leser wird weiterführende Literatur empfohlen (z. B. [22]).

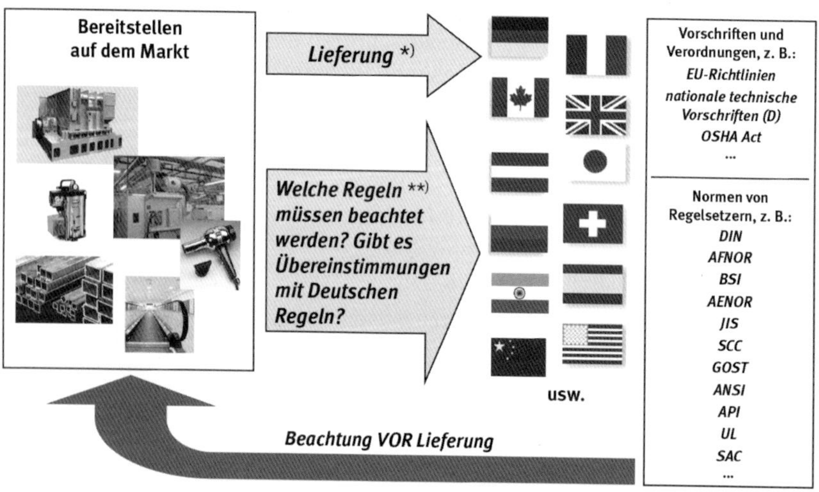

*) sowie: Transport, Inbetriebsetzung, Gebrauch, Wartung, Prüfung, Instandsetzung, Umbau, Stillsetzung, Abbau

**) Regeln: Gesetze, Verordnungen, Technische Vorschriften, Normen

Bild 6: Pflichten des Wirtschaftsakteurs

BEISPIEL

Frage: „Als mittelständisches Unternehmen möchten wir in den USA ein Service-Center mit angeschlossenem Call Center in Betrieb nehmen. Dazu möchten wir einen Prüfautomaten, der in Europa der Maschinenrichtlinie unterliegt, in die USA einführen. Gibt es etwas Vergleichbares wie die Maschinenrichtlinie auch in den USA?“

Antwort: In den USA gibt es ähnliche Rechtsvorschriften wie in Europa. Allerdings müssen für technische Arbeitsmittel und Komponenten entsprechende Zulassungen eines NRTL (nationally recognized testing laboratories, werden von der OSHA benannt) eingeholt werden (29 CFR 1910.303 (a) und 1910.399). Bei nichtkonformen Produkten drohen sogenannte „red tags“ durch die lokal zuständigen AHJs, die in Person von „fire marshals, electrical inspectors“ Geräte, Anlagen oder Maschinen außer Betrieb setzen lassen können. Wichtige Bundesvorschriften sind z. B. 47 CFR Part 15, 29 CFR Part 1910 (siehe auch Country Regulatory Framework „USA – Machine Safety“ [10]).

Frage: „Wir sind ein kleines Unternehmen und möchten ein industrielles Labormessgerät nach Ontario, Kanada exportieren. Welche Rechtsvorschriften sind dort zu beachten?“

Antwort: Das Produkt muss dem „Canadian Electrical Code“ und den dort referenzierten CSA standards – einschließlich „Labelling“ durch ein vom „Standards Council of Canada (SCC)“ akkreditiertes Labor – entsprechen (siehe auch Country Regulatory Framework „Canada – Product Safety“ [11]).

Zur Abwendung einer möglichen Haftungsinanspruchnahme müssen im Rahmen des Produktentwicklungsplans oder im Lasten-/Pflichtenheft die jeweils lokal geltenden rechtlichen Rahmenbedingungen für das Inverkehrbringen abgeklärt werden (sogenannte Marktzugangsvoraussetzungen). Auch die Kenntnis der Produkthaftungsvorschriften dient der Risikominimierung, da es in der Ausgestaltung und Anwendung lokale Unterschiede geben kann (z. B. „punitive damages“ in den USA [18] [22]). Wer einen hohen Exportanteil hat, wird dementsprechend andere Risiken haben als das rein in Deutschland operierende Unternehmen. Beiden gemeinsam ist aber, dass die Implementierung eines Risikomanagements sinnvoll ist.

1.5 Geschäftsrisiken durch Risikomanagement minimieren

Im Rahmen der Geschäftstätigkeit kann ein Unternehmen viele Angriffsflächen mit entsprechendem Risikopotenzial bieten:

- Zu Unrecht am Produkt angebrachte CE-Kennzeichnung
- Falsch ausgestellte Konformitätserklärung (z. B. nicht mehr aktuelle Normen wurden als Referenz angegeben)
- Ein Produkt erfüllt nicht die gesetzlich vorgeschriebenen Sicherheitsanforderungen der einschlägigen Harmonisierungsrechtsvorschriften.
- Beim außereuropäischen Vertrieb werden die lokalen Rechtsvorschriften missachtet und das Produkt bleibt im Zoll hängen.
- Bedienungsanleitungen werden nicht in die Sprache des Verwenderlandes übersetzt.
- Wer gegen lokale Gesetze verstößt, riskiert entsprechende Sanktionen und empfindliche Geldstrafen (siehe Beispiel in Bild 7).

NEWS

Federal Communications Commission
445 12th Street, S.W.
Washington, D. C. 20554

News Media Information 202 / 418-0500
Internet: http://www.fcc.gov
TTY: 1-888-835-5322

This is an unofficial announcement of Commission action. Release of the full text of a Commission order constitutes official action. See MCI v. FCC. 515 F 2d 385 (D.C. Circ 1974).

FOR IMMEDIATE RELEASE
February 16, 2006

NEWS MEDIA CONTACT:
Janice Wise (202) 418-7450
Janice.Wise@fcc.gov

**FCC PROPOSES FORFEITURE AGAINST █████ USA, INC.
FOR MARKETING UNAUTHORIZED EQUIPMENT**

Washington, D.C. -- The Federal Communications Commission (FCC) today proposed a $1 million forfeiture against █████ USA, Inc. for apparent violation of the FCC's equipment authorization rules.

The Commission concluded that █████ apparently violated the FCC's rules by marketing in the United States at least 50 models of unauthorized digital audio devices. The rules require that these devices be tested and verified compliant with FCC technical standards prior to marketing them in the United States.

Bild 7: Strafe aufgrund einer Gesetzesmissachtung (EMV) in den USA als exemplarisches Beispiel

Je nach Schwere des Vergehens reichen mögliche Geschäftsrisiken von behördlichen Sanktionen wie

- Vertriebsverboten,
- Untersagungsverfügungen und
- angeordneten Produktrückrufen

bis hin zu

- strafrechtlichen Verfolgungen durch die Staatsanwaltschaft und
- Schadensersatzklagen in Millionenhöhe.

Häufig ist aber mindestens ein Image-Schaden zu konstatieren, der sich bei börsennotierten Firmen negativ auf den Aktienkurs auswirken könnte. Um diese Geschäftsrisiken vorausschauend während der gesamten Produktlebensdauer kalkulieren zu können, empfiehlt sich ein **Risikomanagementsystem**.

> Mit einem effizienten Risikomanagement bekommt ein Unternehmen die „Product Compliance Risks" in den Griff. Ziel ist es, die Entwicklung, Herstellung und Vermarktung von „non-compliant products" zu vermeiden, die Produkthaftungsrisiken zu minimieren und nach dem Inverkehrbringen auftretende Produktgefahren rechtzeitig zu erkennen und daraus resultierende Maßnahmen zu ergreifen. Für die Abwehr von Ansprüchen im Schadensfall ist eine haftungsentlastende Dokumentation von entscheidender Bedeutung sowie eine hinreichende Versicherungsdeckung.

Im Rahmen des Qualitätsmanagements gemäß DIN EN ISO 9001 hat deshalb das Risikomanagement eine besondere Schlüsselfunktion. Die DIN EN ISO 9001 beinhaltet bereits Begriffe wie Qualitätspolitik, Lenkung dokumentierter Information (regelmäßige Normen- und Vorschriftenüberwachung), Korrektur- und Präventivmaßnahmen sowie die Steuerung nichtkonformer Ergebnisse (Bild 8). Die Forderung nach mehr Sicherheit kann jedoch nicht allein durch die Umsetzung der DIN EN ISO 9001 erfüllt werden.

In ISO 31000 [24] wird die Implementierung eines Risikomanagements ausführlich beschrieben. Dazu empfiehlt sich auch das Studium weiterer Referenzen [25] [26] [27].

In der ISO 31000 ist der Begriff Risiko als „Auswirkung von Unsicherheit auf Ziele“ (aus ISO 31000, 3.1: „effect of uncertainty on objectives“) definiert.

Der Begriff **Risikomanagement** umfasst alle koordinierten Tätigkeiten, die ausgeführt werden, um eine Organisation bezüglich Risiken zu steuern und zu kontrollieren (aus ISO 31000, 3.2: „risk management“).

Der Risikomanagementprozess beinhaltet die Aufgaben, Risiken

- zu beurteilen,
- zu bewältigen,
- zu überwachen und
- zu kommunizieren.

Die Herausforderung dieses Teilprozesses liegt in der praktischen Umsetzung. Insofern läuft es beim Risikomanagement auf eine „Pannenvermeidungsstrategie“ hinaus. In diesem Zusammenhang ist anzumerken, dass Qualität und damit auch die Produktkonformität nicht nachträglich in das Produkt „hineingeprüft“ werden kann. Vielmehr müssen die Konformitätsanforderungen beginnend bei der Produktdefinition bis zur Verpackung und dem Transport in das Produkt integriert werden. Für Produkte, Maschinen und Anlagen existieren deshalb spezifische Normen zur Durchführung einer **Risikobeurteilung** bzw. des Risikomanagements (Tabelle 2). Diese Normen dienen als Werkzeug, um Produktsicherheitsrisiken während der Produktentstehung zu ermitteln und entsprechend zu beseitigen. Zum Teil haben diese Normen auch einen Rechtsbezug zu spezifischen Harmonisierungsrechtsvorschriften der *neuen Konzeption*.

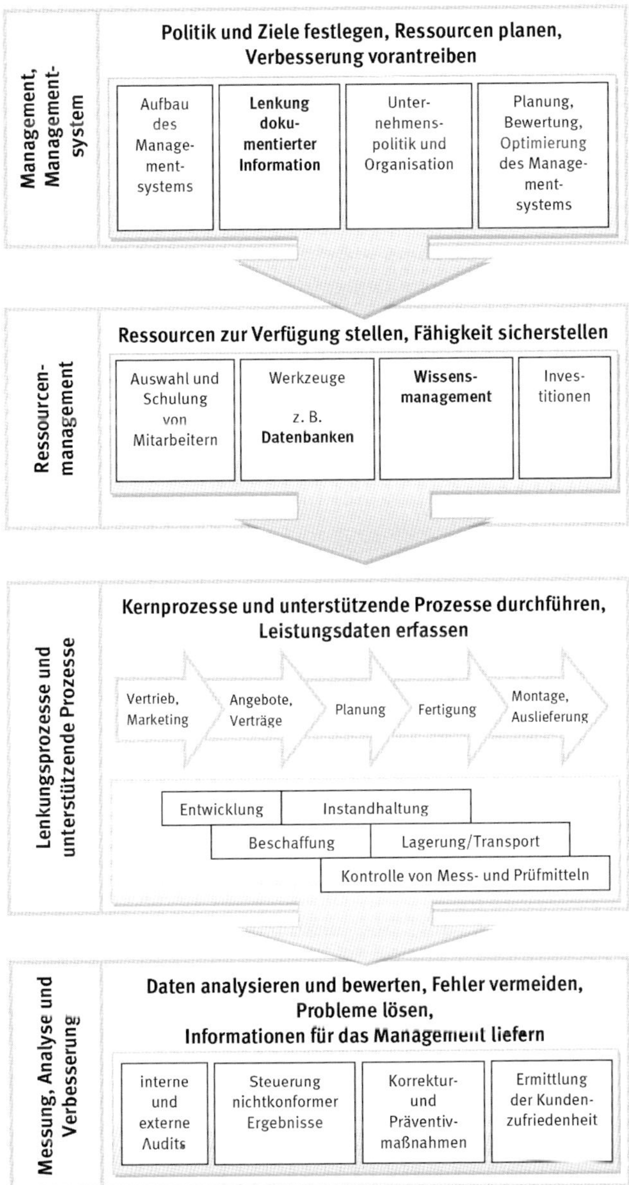

Bild 8: Managementsystem gemäß DIN EN ISO 9001

Die sich aus der Produkthaftung ableitenden Grundsätze zur Integration der Sicherheit finden sich zum Teil konkret in einzelnen Harmonisierungsrechtsvorschriften wieder, so z. B. im Anhang I, Nr. 1.1.2 in der Maschinenrichtlinie 2006/42/EG:

„a) Die Maschine ist so zu konstruieren und zu bauen, dass sie ihrer Funktion gerecht wird und unter den vorgesehenen Bedingungen – aber auch unter Berücksichtigung einer vernünftigerweise vorhersehbaren Fehlanwendung der Maschine – Betrieb, Einrichten und Wartung erfolgen kann, ohne dass Personen einer Gefährdung ausgesetzt sind.

Die getroffenen Maßnahmen müssen darauf abzielen, Risiken während der voraussichtlichen Lebensdauer der Maschine zu beseitigen, einschließlich der Zeit, in der die Maschine transportiert, montiert, demontiert, außer Betrieb gesetzt und entsorgt wird.

b) Bei der Wahl der angemessensten Lösungen muss der Hersteller oder sein Bevollmächtigter folgende Grundsätze anwenden, und zwar in der angegebenen Reihenfolge:

- Beseitigung oder Minimierung der Risiken so weit wie möglich (Integration der Sicherheit in Konstruktion und Bau der Maschine);
- Ergreifen der notwendigen Schutzmaßnahmen gegen Risiken, die sich nicht beseitigen lassen;
- Unterrichtung der Benutzer über die Restrisiken aufgrund der nicht vollständigen Wirksamkeit der getroffenen Schutzmaßnahmen; Hinweis auf eine eventuell erforderliche spezielle Ausbildung oder Einarbeitung und persönliche Schutzausrüstung.

c) Bei der Konstruktion und beim Bau der Maschine sowie bei der Ausarbeitung der Betriebsanleitung muss der Hersteller oder sein Bevollmächtigter nicht nur die bestimmungsgemäße Verwendung der Maschine, sondern auch jede vernünftigerweise vorhersehbare Fehlanwendung der Maschine in Betracht ziehen.

Die Maschine ist so zu konstruieren und zu bauen, dass eine nicht bestimmungsgemäße Verwendung verhindert wird, falls diese ein Risiko mit sich bringt. Gegebenenfalls ist in der Betriebsanleitung auf Fehlanwendungen der Maschine hinzuweisen, die erfahrungsgemäß vorkommen können.

d) Bei der Konstruktion und beim Bau der Maschine muss den Belastungen Rechnung getragen werden, denen das Bedienungspersonal durch die notwendige oder voraussichtliche Benutzung von persönlichen Schutzausrüstungen ausgesetzt ist.

e) Die Maschine muss mit allen Spezialausrüstungen und Zubehörteilen geliefert werden, die eine wesentliche Voraussetzung dafür sind, dass die Maschine sicher eingerichtet, gewartet und betrieben werden kann."

Tabelle 2: Anerkannte Regeln der Technik zur Risikobeurteilung bzw. Risikomanagement

Referenz	Titel
DIN EN 510:2020-02	Festlegungen für Schutzkleidungen für Bereiche, in denen ein Risiko des Verfangens in beweglichen Teilen besteht **Rechtsbezug: 8. ProdSV** PSA-Verordnung (EU) 2016/425
DIN EN 62305-2:2013-02	Blitzschutz – Teil 2: Risiko-Management
CENELEC Guide 32:2014-07	Guidelines for Safety Related Risk Assessment and Risk Reduction for Low Voltage Equipment
DIN EN ISO 12100:2011-03	Sicherheit von Maschinen – Allgemeine Gestaltungsleitsätze – Risikobeurteilung und Risikominderung (ISO 12100:2010); Deutsche Fassung EN ISO 12100:2010 **Rechtsbezug: 9. ProdSV** (Maschinenrichtlinie 2006/42/EG)
DIN EN ISO 14971:2020-07	Medizinprodukte – Anwendung des Risikomanagements auf Medizinprodukte **Rechtsbezug: MPDG** (Medizinprodukteverordnung (EU) 2017/745)

Referenz	Titel
DIN EN 15198:2007-11	Methodik zur Risikobewertung für nicht-elektrische Geräte und Komponenten zur Verwendung in explosionsgefährdeten Bereichen **Rechtsbezug: 11. ProdSV** (ATEX-Richtlinie 2014/34/EU)
DIN EN ISO 17776:2017-04	Erdöl- und Erdgasindustrie – Offshore-Produktionsanlagen – Management der Gefährdungen durch schwere Störfälle bei der Konstruktion neuer Offshore-Anlagen
DIN-Fachbericht CEN/TR 14739:2005-04	Schema für die Durchführung einer Risikobewertung für brennbare Kältemittel bei Haushalts-Kühl- und Gefriergeräten
DIN EN ISO 22442-1:2016-05	Tierische Gewebe und deren Derivate, die zur Herstellung von Medizinprodukten eingesetzt werden – Teil 1: Anwendung des Risikomanagements **Rechtsbezug: MPDG** (Medizinprodukte-verordnung (EU) 2017/745)
DIN VDE V 0831-100:2019-08	Elektrische Bahn-Signalanlagen – Teil 100: Risikoorientierte Beurteilung von potenziellen Sicherheitsmängeln und risikoreduzierende Maßnahmen
DIN EN 12198-1:2008-11	Sicherheit von Maschinen – Bewertung und Verminderung des Risikos der von Maschinen emittierten Strahlung – Teil 1: Allgemeine Leitsätze **Rechtsbezug: 9. ProdSV** (Maschinenrichtlinie 2006/42/EG)

Referenz	Titel
DIN EN 12198-2:2008-11	Sicherheit von Maschinen – Bewertung und Verminderung des Risikos der von Maschinen emittierten Strahlung – Teil 2: Messverfahren für die Strahlenemission **Rechtsbezug: 9. ProdSV** (Maschinenrichtlinie 2006/42/EG)
DIN EN 12198-3:2008-11	Sicherheit von Maschinen – Bewertung und Verminderung des Risikos der von Maschinen emittierten Strahlung – Teil 3: Verminderung der Strahlung durch Abschwächung oder Abschirmung **Rechtsbezug: 9. ProdSV** (Maschinenrichtlinie 2006/42/EG)
DIN EN 50497:2008-11	Empfohlenes Prüfverfahren zur Einschätzung des Risikos von Weichmacherausschwitzungen bei PVC-isolierten und -ummantelten Kabeln und Leitungen **Rechtsbezug: 1. ProdSV** (Niederspannungsrichtlinie 2014/35/EU)
ISO 31000:2018-02	Risikomanagement – Leitlinien
IEC 31010:2019-06	Risikomanagement – Verfahren zur Risikobeurteilung

Diese Grundsätze zur Integration der Sicherheit stellen eine Rechtspflicht dar. Das Werkzeug hierzu ist die Risikobeurteilung, die gemäß Anhang I „Allgemeine Grundsätze“ der Maschinenrichtlinie 2006/42/EG ebenfalls rechtlich gefordert wird:

> „Der **Hersteller** einer Maschine oder sein Bevollmächtigter hat dafür zu sorgen, dass eine Risikobeurteilung vorgenommen wird, um die für die Maschine geltenden Sicherheits- und Gesundheitsschutzanforderungen zu ermitteln. Die Maschine muss dann unter Berücksichtigung der Ergebnisse der Risikobeurteilung konstruiert und gebaut werden.“

Auch hier werden die **Rechtspflichten des Managements** deutlich, für die innerbetriebliche Organisation und Durchführung der Risikobeurteilung zu sorgen (sogenannte Sorgfaltspflichten). Dies umfasst entsprechend kompetentes Personal, Zugriff auf die einschlägigen Normen und ggf. auch die Anschaffung von entsprechenden Software-Werkzeugen, die es für die Durchführung solcher Risikobeurteilungen am Markt gibt. Die Risikobeurteilung ist dementsprechend ein Kernbestandteil der Entwicklung, Herstellung und Vermarktung sicherer Produkte.

Ähnliche Anforderungen, wie die Maschinenrichtlinie, enthalten auch die Niederspannungs- und ATEX-Richtlinien sowie weitere sicherheitsbezogene Rechtsvorschriften.

Seit vielen Jahren streben mittlere und größere Unternehmen als Maßnahme einer Prozessoptimierung zur Kostensenkung flache Hierarchien an. Das kann bei unsauberer Prozessanalyse und Maßnahmenumsetzung dazu führen, dass zentrale Abteilungen (z.B. Qualitäts- und Normenmanagement) dezentralisiert oder sogar wegrationalisiert werden, die das Product Life Cycle Management unterstützen müssten. Neue Anforderungen wie beispielsweise die Organisation eines möglichen Produktrückrufes werden obendrein übersehen. In kleinen und mittelständischen Unternehmen (KMU) ist eher problematisch, dass die erforderlichen organisatorischen Strukturen im Zusammenhang mit der Wahrnehmung der Aufgaben eines Product Life Cycle Management grundsätzlich überhaupt nicht installiert sind. Erfahrungsgemäß ändert sich die Einstellung der verantwortlichen Unternehmer sehr schnell, wenn das erste Krisenszenario (Bild 9) da ist. Das Thema Rückrufmanagement wird in [19] weiter vertieft. Grundsätzlich fordert auch die DIN EN ISO 9001 ein Verfahren zur „Steuerung nichtkonformer Ergebnisse“.

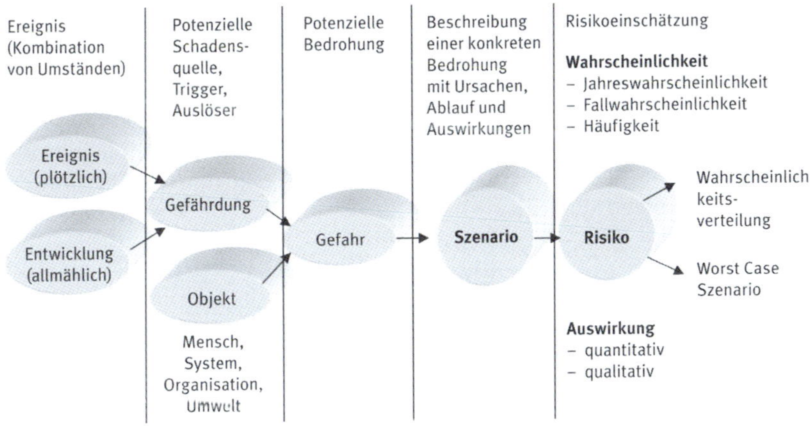

Bild 9: Begriffe

KMUs sind an dieser Stelle besonders verwundbar, sodass ein ausgesprochenes Vertriebsverbot oder ein unversicherter Produktrückruf im Zusammenhang mit dem Produktsicherheitsgesetz bzw. § 823 Abs. 1 BGB ein Unternehmen sehr schnell an den Rand einer Insolvenz bringen kann. Das Risiko wird größer, wenn ein Produkt auch international vertrieben wird. Unternehmen im Bereich der Industrieprodukte (business to business) sollten besonders sensibilisiert sein, da Industrieprodukte vom Produktsicherheitsgesetz (Rückrufmanagement und Selbstanschwärzungsklausel) bzw. der Richtlinie 2001/95/EG nicht erfasst werden. Es ist allerdings ein Trugschluss anzunehmen, dass die Pflicht zur Produktbeobachtung (aktiv und passiv) nur die Hersteller von Verbraucherprodukten betrifft! Die Rechtsnorm § 823 Abs. 1 BGB und die dazugehörige Rechtsprechung treffen diese Unterscheidung nicht.

Sach- oder Personenschäden, die durch einen rechtzeitigen Produktrückruf hätten vermieden werden können, sind – sofern es so weit kommt – im besonderen Fokus des Staats oder Klägeranwaltes. Dabei wird der Frage nachgegangen, wer in der Organisation zu welchem Zeitpunkt Kenntnis über ein potenziell unsicheres Produkt hatte. In unserem heutigen IT-Zeitalter ist es sehr einfach, durch ein Server-Screening E-Mails aufzuspüren, die auf ein Organisationsverschulden des Managements und weiterer Führungskräfte schließen lassen könnten.

Ein Unternehmer muss sich deshalb bewusst sein, dass die Produkthaftung ein integrierter Bestandteil einer Arbeitskultur und auch ein Teil der zentralen Wissensbasis eines Unternehmens sein sollte. Dieses Fachwissen, das global und dynamisch ist und sich zunehmend schneller ändert, beeinflusst das gesamte Qualitätssicherungssystem. Ein Unternehmer kennt seinen Markt nur dann vollständig, wenn ihm auch die jeweiligen fremden Rechtsordnungen im weltweiten Warenvertrieb (regulatory affairs) bekannt sind. Der Aufbau dieser Kompetenz ist nicht kostenlos. Es ist jedoch so, dass Unternehmer mit diesem Wissen über eine Kernkompetenz verfügen, die sie gegen den Wettbewerb erfolgreich einsetzen können.

1.6 Verantwortung einzelner Bereiche

Es kann zwischen Kompatibilitätsregeln, variantenreduzierenden Regeln, Anforderungsregeln und Mess- und Informationsregeln unterschieden werden, um deren Wirkung in verschiedenen Prozessen eines Unternehmens zu identifizieren [29]. Diese Klassifizierung orientiert sich letztlich an den ökonomischen Zielsetzungen, die durch die Nutzung der entsprechenden Vorschriften und Normen erreicht werden. In Bild 10 sind – basierend auf einem vereinfachten Prozessmodell entsprechend DIN EN ISO 9001 – beispielhaft die wesentlichen Teilprozesse dargestellt. Hierin ist die Nutzung der unterschiedlichen Regeln erkennbar. Der gewählte Begriff „Regel" soll in diesem Zusammenhang für Normen, Technische Regeln, Verordnungen und Gesetze stehen, deren rechtssichere Anwendung in den einzelnen Teilprozessen (Bereichen) gewährleistet sein muss. Insbesondere für den globalen Warenabsatz sind die jeweils lokal geltenden Rechtsvorschriften und deren Kenntnis eine Grundvoraussetzung für den erfolgreichen Marktzugang.

In den folgenden Kapiteln werden für wichtige Teilprozesse eines Unternehmens die Pflichten des jeweiligen Bereichsleiters beschrieben. Hierbei spielt es keine Rolle, wie groß oder klein das Unternehmen ist. Die Teilprozesse finden sich in jedem Unternehmen wieder, auch wenn diese nicht so bezeichnet werden oder zur Wahrnehmung einer Aufgabe keine eigene Abteilung hierfür existiert.

Die Gliederung in jedem Abschnitt ist gleich, und die entsprechenden Ausführungen wirken zum Teil sehr ähnlich, sodass scheinbar Redundanzen bestehen. Die Autoren sind sich dessen bewusst, wissen aber nur zu gut, dass zunächst jeder Leser erst einmal nur seinen Verantwortungsteil liest. Daraus ergibt sich zwangsläufig die redaktionelle Notwendigkeit der Wiederholung, wenn eine nützliche und abgeschlossene Information zur Verpflichtung der Konformität mit EU-Rechtsvorschriften für jeden Teilprozessverantwortlichen vermittelt werden soll.

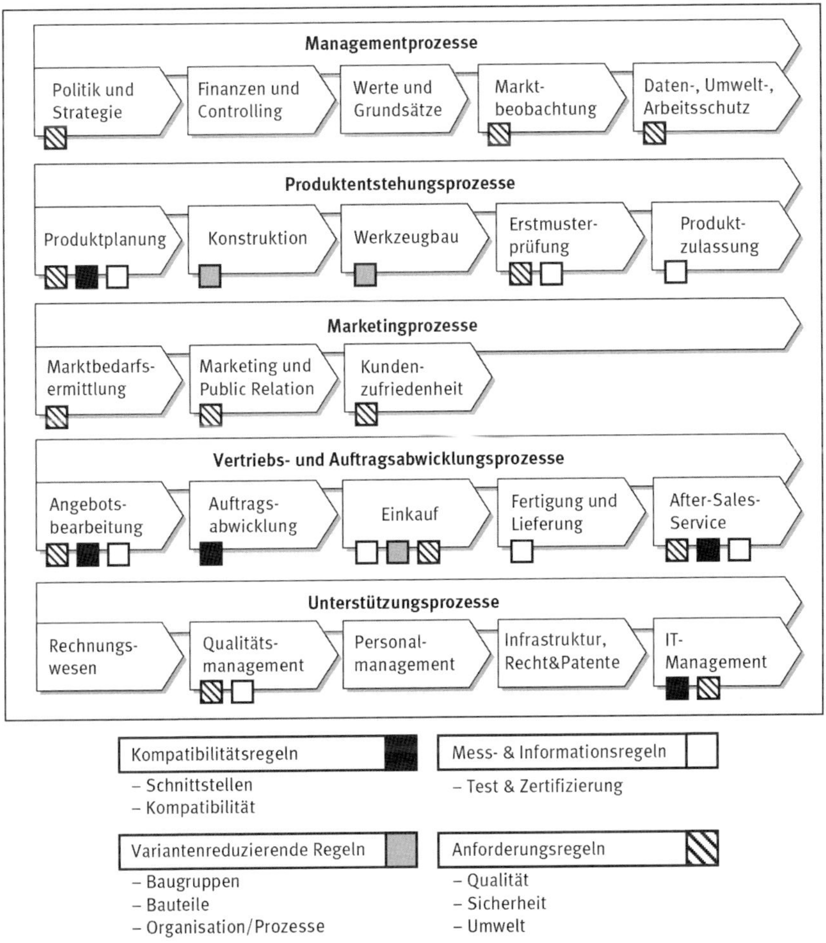

Bild 10: Anwendung technischer Regeln in den Teilprozessen eines Unternehmens [30]

Im Abschnitt **Rolle im Rahmen der Konformitätsverantwortung** wird formal beschrieben, welche Pflichten der Verantwortliche des Teilprozesses wahrnehmen und ausüben muss.

Dem stehen typische **Aussagen der Teilprozessverantwortlichen** gegenüber, die zum Ausdruck bringen, wie in der Praxis leider häufig die individuelle Meinung gegenüber den Themen Produktsicherheit und Produktkonformitätspflichten ausgeprägt ist.

Anhand von (anonymisierten) **Fallbeispielen** wird gezeigt,

- worin die Ursache für die beispielhafte Nichtkonformität besteht („*Was war geschehen?*“),
- welche „Konsequenz aus Missachtung der Verantwortung“ entstehen kann
- und in welcher Weise im vorliegenden Beispiel hätte agiert werden müssen („*Verantwortungsgerechtes Handeln*“).

Die beschriebenen Beispiele stammen aus der Praxis, wurden aber aus Gründen des Datenschutzes nicht rückverfolgbar verändert. Am Schluss jedes einzelnen Kapitels werden **Hinweise zur rechtskonformen Durchführung** gegeben, die dem Teilprozessverantwortlichen eine Hilfestellung zur Umsetzung seiner Rechtspflichten bieten sollen.

2 Die Verantwortung der Geschäftsleitung

2.1 Rolle im Rahmen der Konformitätsverantwortung

Aussagen der Geschäftsleitung

„Der Bürokratismus aus Brüssel mit dem CE-Kennzeichen macht nur unsere Produkte teurer."

„Produktbeobachtung – wozu? Mein Vertrieb und die QM sagen mir, die Produkte sind sicher. Außerdem sind die Produkte verkauft und somit sind wir für die Produkte nicht mehr verantwortlich."

„Wir sind gemäß DIN EN ISO 9001 zertifiziert und somit ist gewährleistet, dass nur sichere Produkte den Hof verlassen."

„Für das CE-Thema habe ich doch einen QM-Beauftragten, der macht das schon. Ich kann hier doch nicht jeden Mitarbeiter mit dem Thema beschäftigen."

„In unserer Stabsstelle wird das Konformitätsthema global für den Konzern geregelt. Wir können uns ungesehen den firmeninternen Richtlinien anschließen."

„Ich brauche niemanden in der Organisation, der mir ständig erzählt, was richtig und was falsch ist und wofür ich verantwortlich bin."

„Wenn wir uns auch noch mit Product Compliance beschäftigen müssen, sind wir gleich pleite."

Wer trägt im Unternehmen die rechtliche Verantwortung, dass eine Maschine, ein Spielzeug, ein Ladegerät oder ein Gerät für die explosionsgeschützte Umgebung keine Sicherheitsrisiken bei der Benutzung aufweist, also beim Inverkehrbringen allen geltenden Product-Compliance-Anforderungen entspricht?

Für die hier beispielhaft angesprochenen Produkte gilt in Deutschland die allgemeine (horizontale) Rechtsnorm über die Produktsicherheit: das Produktsicherheitsgesetz (ProdSG) [28].

Diese Rechtsnorm über die Produktsicherheit in Deutschland bestimmt den Begriff „Hersteller" in § 2 Nr. 15 ProdSG wie folgt:

> „[...] ist Hersteller jede natürliche oder juristische Person, die ein Produkt herstellt oder entwickeln oder herstellen lässt und dieses Produkt unter ihrem eigenen Namen oder ihrer eigenen Marke vermarktet; als Hersteller gilt auch jeder, der
>
> a) geschäftsmäßig seinen Namen, seine Marke oder ein anderes unterscheidungskräftiges Kennzeichen an einem Produkt anbringt und sich dadurch als Hersteller ausgibt oder
>
> b) ein Produkt wiederaufarbeitet oder die Sicherheitseigenschaften eines Verbraucherprodukts beeinflusst und dieses anschließend auf dem Markt bereitstellt, [...]“

Grundsätzlich sind juristische Personen z.B. Aktiengesellschaften (vertreten durch den Vorstand) und Gesellschaften mit beschränkter Haftung (GmbH, vertreten durch die Geschäftsführung).

Natürliche Personen sind Einzelfirmen oder Gesellschaften bürgerlichen Rechts (GbR), die somit direkt persönlich für das Inverkehrbringen sicherer Produkte verantwortlich sind.

Weiterhin bestimmt das ProdSG den Begriff „Inverkehrbringen“ in § 2 Nr. 16 wie folgt:

> „[...] Inverkehrbringen die erstmalige Bereitstellung eines Produkts auf dem Unionsmarkt [...]“

Gemäß § 2 Nr. 4 ProdSG

> „[...] ist Bereitstellung auf dem Markt jede entgeltliche oder unentgeltliche Abgabe eines Produkts zum Vertrieb, Verbrauch oder zur Verwendung auf dem Markt der Europäischen Union im Rahmen einer Geschäftstätigkeit, [...]“

In der Lieferkette ist es deshalb wichtig, dass jedem einzelnen Wirtschaftsakteur die einzelnen Rechtspflichten bekannt sind. Das ProdSG fordert mit § 3 ProdSG, dass ein Produkt den Anforderungen zur Sicherheit und Gesundheit entsprechen muss, bevor es in den Verkehr gebracht werden darf (siehe Bild 6). Entweder ist hierfür der Hersteller direkt verantwortlich oder er hat für bestimmte Aufgaben, die sich aus dem Gesetz ergeben, einen Bevollmächtigten benannt. Da die Einfuhr eines Produktes aus einem Drittstaat (z.B. aus China oder Russland) dem Inverkehrbringen gleichgestellt ist, hat auch der

Einführer solcher Produkte diese Vorschriften zu beachten. Das ProdSG unterscheidet hier zwei Bereiche (Tabelle 3).

Daneben existieren noch zusätzliche Product-Compliance-Anforderungen (z. B. das EMV-Gesetz, siehe Tabelle 7) oder spezifische Product-Compliance-Anforderungen, die Anwendungsvorrang gegenüber dem ProdSG haben (z. B. das Medizinproduktegesetz, siehe Tabelle 7).

Das **Management** ist regelmäßig dafür verantwortlich, dass ausschließlich rechtskonforme Produkte das Werkstor verlassen. Es muss das Unternehmen so organisieren, dass es seinen Verkehrssicherungspflichten nachkommt. Eine Verletzung dieser Sorgfaltspflichten (sogenanntes Organisationsverschulden) führt im Zusammenhang mit der Rechtsprechung gemäß § 823 Abs. 1 BGB zu Schadensersatzansprüchen der hierfür verantwortlichen Personen.

Tabelle 3: Vorschriften aus dem ProdSG zum Inverkehrbringen

Vorschrift	Inhalt	Beispiele
§ 3 Abs. 1 ProdSG „harmonisierter Bereich“	Soweit ein Produkt einer oder mehreren Rechtsverordnungen nach § 8 Absatz 1 unterliegt, darf es nur auf dem Markt bereitgestellt werden, wenn es 1) die darin vorgesehenen Anforderungen erfüllt und 2) die Sicherheit und Gesundheit von Personen oder sonstige in den Rechtsverordnungen nach § 8 Absatz 1 aufgeführte Rechtsgüter bei bestimmungsgemäßer oder vorhersehbarer Verwendung nicht gefährdet.	– 1. Verordnung zum Produktsicherheitsgesetz (1. ProdSV), Niederspannungsverordnung – 2. Verordnung zum Produktsicherheitsgesetz (2. ProdSV), Spielzeugverordnung – 9. Verordnung zum Produktsicherheitsgesetz (9. ProdSV), Maschinenverordnung
§ 3 Abs. 2 Satz 1 ProdSG „nicht harmonisierter Bereich“	Ein Produkt darf, soweit es nicht Absatz 1 unterliegt, nur auf dem Markt bereitgestellt werden, wenn es bei bestimmungsgemäßer oder vorhersehbarer Verwendung die Sicherheit und Gesundheit von Personen nicht gefährdet.	z. B. Möbel, elektrische Geräte $< 50\ V_{AC}$ bzw. $< 75\ V_{DC}$

In diesem Zusammenhang hat der Begriff Risikomanagement an Bedeutung gewonnen. Dabei gilt:

> Ein erfolgreiches Risikomanagement ist ohne Kenntnisse der Product-Compliance-Anforderungen (öffentlich-rechtliche Vorschriften, Produkthaftung und Produzentenhaftung) nicht vorstellbar.

Im Zusammenhang mit Product Compliance unterliegen **Führungskräfte** Irrtümern und Missverständnissen [31], die beispielhaft im Folgenden erläutert werden:

> **Statement:** „Wir beachten alle branchenüblichen Vorschriften, produzieren normenkonform nach den anerkannten Regeln der Technik und brauchen uns daher keine Sorgen zu machen."
>
> **Irrtum!** Selbstverständlich sind bei der Herstellung eines Produkts die einschlägigen Rechtsvorschriften zu beachten. Dabei stellt die Produkthaftung (im Unterschied zur Produzentenhaftung) ausschließlich auf die Fehlerfreiheit des Produkts ab und nimmt keine Rücksicht auf dessen Konformität mit technischen Normen.
>
> **Statement:** „Wir machen lediglich das ‚System-Engineering' und verlassen uns im Hinblick auf die EMV auf die CE-Kennzeichnung der Komponenten. Auf Basis der technischen Unterlagen erklären wir die Gesamtkonformität und bringen die CE-Kennzeichnung am Gesamtsystem an. Eine EMV-System-Prüfung halten wir für übertrieben und reduziert nur unsere Handelsmarge."
>
> **Irrtum!** Für das rechtskonforme Inverkehrbringen einer Funktionseinheit ist der Systemintegrator verantwortlich. Er muss die Gesamt-EMV-Situation bewerten und ggf. auch eine Gesamtmessung durchführen.

Gemäß DIN EN ISO 9001 ist das Management auch dafür verantwortlich, ein entsprechendes Wissensmanagement zu implementieren und für die stetige Aus- und Weiterbildung zu sorgen. Ansätze hierzu findet der Leser z. B. in [32]. Nur wer über das entsprechende Wissen zur Product Compliance verfügt, kann rechtskonforme Produkte entwickeln und in den Verkehr bringen. Dies stellt eine zentrale Managementaufgabe dar.

2.2 Fallbeispiel

Implementierung eines Compliance Workflow

Was war geschehen?

Ein deutscher Hersteller stellt Förderanlagen her, mit Hilfe derer große Halbfertigteile bei der industriellen Serienfertigung zu den einzelnen Arbeitsschritten transportiert werden können. Diese Anlagen werden weltweit exportiert. Eines Tages erhält dieser Hersteller einen Brief von einem Kunden in Asien, in dem ihm mitgeteilt wird, dass beim Betreiben einer dorthin gelieferten Anlage ein eigentümliches, bisher noch unbekanntes Problem aufgetreten sei. Während des Betriebs der Förderanlage sei es aufgrund nicht nachvollziehbarer Ursachen zu einer Schleifenbildung des Fördergurtes gekommen. Ein unter einem Halbfertigteil befindlicher Mitarbeiter sei von diesem erfasst und bis in die nächste Verankerung der Anlage mitgerissen worden.

Ein Jahr später ereignete sich ein ähnlicher Vorfall in Australien, bei dem der betroffene Mitarbeiter schwere Verletzungen erlitten hatte. Auch dieser Kunde setzte den deutschen Hersteller mit einer E-Mail von diesem Vorfall in Kenntnis.

Wiederum einige Monate später kam es zu einem dritten Vorfall, und zwar diesmal in Deutschland. Ein Auszubildender wurde von einem Halbfertigteil erfasst und kam zu Tode.

Daraufhin durchsuchte die Staatsanwaltschaft die Betriebsstätte des deutschen Herstellers und fand „fein säuberlich abgeheftet" einen Beschwerdebrief als auch per Server-Screening die besagten E-Mails. Das Problem erschien den technisch Verantwortlichen als technisch ziemlich abwegig, und man sah darin kein produktsicherheitstechnisches Problem. Die Geschäftsleitung hatte deshalb von diesen Vorfällen nie Kenntnis erlangt. Folglich kam es zu keinerlei Reaktion des Unternehmens und somit auch zu keiner Korrekturmaßnahme oder Rückrufaktion vor dem tödlichen Unfall [33].

Konsequenz aus Missachtung der Verantwortung

Die Staatsanwaltschaft erhob Anklage wegen fahrlässiger Tötung gegen die Mitglieder der Geschäftsleitung sowie gegen den Fertigungsgruppenleiter wegen Totschlags. Als Nebenkläger traten die Eltern des verstorbenen Auszubildenden auf. Die Staatsanwaltschaft stellte u.a. die Frage, auf was diejenigen, die von den Vorfällen in Asien und Australien wussten, denn noch gewartet hätten, bevor sie sich dazu durchgerungen hätten, diese Informationen an die Unternehmensspitze weiterzugeben.

Verantwortungsgerechtes Handeln

Die strafrechtliche Verantwortung für sicherheitstechnisch fehlerhafte Produkte beschränkt sich nicht nur auf die Geschäftsführung des Herstellerunternehmens. Strafrechtlich kann für die Unfallfolgen grundsätzlich jeder zur Verantwortung gezogen werden, dem die Verletzung bzw. der Tod objektiv zurechenbar ist. Dies können insbesondere solche Personen sein, die wie in diesem Fall trotz ernstzunehmender Hinweise auf die Gefährlichkeit des Produkts keine Gefahrenabwehrmaßnahmen ergreifen.

Dementsprechend obliegt es dem Management, im Bereich der Betriebsorganisation die organisatorischen Maßnahmen und Prozesse zu implementieren, um bei der Belegschaft eine Sensibilisierung für solche Situationen zu erreichen und um mit Korrekturmaßmaßnahmen etwaig auftretenden Sicherheitsproblemen gegenzusteuern. Dieser Sorgfaltspflicht ist das Management nicht nachgekommen. Es muss ein integrierter Compliance Workflow existieren, im Folgenden mit den drei Teilprozessen [19] zusammengefasst (siehe auch Tabelle 1 und Bild 8):

1) Produktbeobachtung: Wie verhält sich das Produkt im Markt? Gibt es sicherheitsrelevante Auffälligkeiten? Diese teilt sich auf in die aktive (Kundenbefragung, Kundenbesuche usw.) und in die passive Produktbeobachtung (Reklamation durch den Kunden, wie in diesem Fall geschehen, aber Schritt 2 wurde unterlassen!).
2) Risikoabschätzung: Systematische Auswertung der Beobachtungsergebnisse auf mögliche (Sicherheits-)Risiken und angemessene Analyse.
3) Weiterführende Maßnahmen, sprich Umgang mit Abweichungen: normales Änderungsprozedere oder Warnung, Rücknahme oder Rückruf plus gesetzlicher Meldepflicht bei Verbraucherprodukten.

Dieser Compliance Workflow (vgl. Kapitel 8.1 und Bild 14) wurde vom Geschäftsführer nicht implementiert, sodass ein Organisationsverschulden nach § 823 Abs. 1 BGB vorliegt. Besonders gravierend ist, dass im vorliegenden Fall die passive Produktbeobachtung noch funktioniert hat („Kunde kommuniziert ein Sicherheitsproblem“), aber die Teilprozesse 2 und 3 versagten, da sie nicht existierten!

2.3 Hinweise zur rechtskonformen Durchführung

Im Folgenden werden praktische Hinweise gegeben, die der Geschäftsführung eine Hilfestellung zur Umsetzung der Rechtspflichten bieten.

- Eine Zertifizierung z.B. nach DIN EN ISO 9001 sollte alle Prozessverantwortlichen zum Thema Product Compliance sensibilisieren. Im Rahmen der Erstellung von Prozessbeschreibungen werden Schnittstellenthemen zwangsläufig betrachtet und definiert. Allerdings werden in der Praxis die rechtlichen Aspekte mangels Detailkenntnisse häufig vernachlässigt. Durch Schulungen, Seminare, Fachliteratur usw. sollten die Defizite aktiv abgestellt werden.
- Das Skill Management beinhaltet Kompetenzen zum Thema „Product Compliance". Ein entsprechend kompetenter Bearbeiter kennt beispielsweise alle Aspekte dieses Buches. Des Weiteren sind kontinuierliche Weiterbildungsmaßnahmen zu veranlassen und nachzuweisen.
- Die Etablierung eines kontinuierlichen Verbesserungsprozesses (KVP) sollte nicht nur in der Produktion, sondern auch in der „Verwaltung" vorangetrieben werden [34], da hierdurch nicht nur Potenziale für Produktivitätssteigerungen, sondern auch Prozessmängel erkannt werden können.
- Der Aspekt „Maßnahmen zur Product Compliance" sollte als Standardpunkt im Management Review (öffentlicher Bericht der Geschäftsleitung) aufgenommen werden.
- Spielt Product Compliance eine wichtige Rolle im Geschäftsverkehr, sollten die damit verbundenen Ziele in der Qualitätspolitik des Unternehmens verankert werden.
- Es reicht nicht, nur einen Product-Compliance-Verantwortlichen festzulegen. Die Benennung und Festlegung der „Zuarbeiter" in den angrenzenden Prozessen ist erforderlich, um die Umsetzung eines Compliance-gerechten Workflows sicherzustellen.

  Ist im Unternehmen ein Bonussystem etabliert, sollten auch auf Product Compliance bezogene Qualitäts- und Geschäftsziele formuliert und als „Incentive" honoriert werden. Besonders wirksam sind Ziele und die Einführung von entsprechenden Kennzahlen, die die Zusammenarbeit über mehrere Bereiche verknüpfen („auf wundersame Weise arbeiten die Bereiche nun zusammen").
- Ein Risikomanagement (siehe Kapitel 1.4) ist um Product-Compliance-Aspekte zu erweitern. Die Nichtbeachtung Compliance-relevanter Pflichten stellt ein unternehmerisches Risiko dar, das beziffert werden kann.

3 Die Verantwortung des Vertriebs

3.1 Rolle im Rahmen der Konformitätsverantwortung

Aussagen des Vertriebs

„Wir wussten nicht, dass die CE-Kennzeichnung in Kanada nicht akzeptiert wird.“

„Der Kunde fordert nur die Einhaltung seiner Spezifikation. Von anderen CE-Pflichten steht dort nichts.“

„Unsere Kunden wissen zu diesen Themen auch nicht Bescheid.“

„Wenn wir in Verhandlungen die kritischen Themen ansprechen, geht der Kunde gleich zur Konkurrenz.“

„Die exporttechnischen Punkte klären wir immer nach Auftragsvergabe. Probleme hatten wir ja noch nie damit.“

„Wir sind in der Firma für den Umsatz verantwortlich – außerdem werde ich nach Umsatz bezahlt und nicht entsprechend erfolgreicher Klärung technischer Themen.“

„Wenn die Technik im Entwicklungsgespräch wieder über Product Compliance berichtet, schlafe ich regelmäßig ein.“

Dem (technischen) Vertrieb obliegt im Produktentstehungsprozess eine Schlüsselfunktion. Wenn es sich um einen Produkthersteller oder einen Maschinen-/Anlagenbauer handelt, werden

- Geschäftspläne und Produktpläne für neue Marktsegmente entwickelt oder
- der Kunde übergibt ein entsprechendes Lastenheft, woraus der technische Vertrieb bzw. Projektleiter ein Pflichtenheft ableitet.

Es besteht aber kein Unterschied in der grundsätzlich erforderlichen Vorgehensweise:

Vor dem Marktzugang muss die lokal geltende Rechtslage für die Produkte, Maschinen oder Anlagen ermittelt werden!

Zur Einleitung in das Thema „Erschließung eines neuen Marktsegmentes“ sei folgende typische Situation skizziert:

BEISPIEL

Ein Maschinenbauunternehmen möchte neue Technologien nutzen (u.a. durch den Einsatz von sicherheitsgerichteten Steuerungen), um leistungsfähigere Maschinengenerationen entwickeln zu können. Diese sollen in den nächsten zwei Jahren im Markt eingeführt werden und sollen mittelfristig die älteren Maschinengattungen ablösen. Ziel ist es, das Preis-Leistungs-Niveau deutlich anzuheben, um dadurch einen langfristigen Wettbewerbsvorteil zu erzielen. Der Vertriebsleiter ist sich sicher, dass man das Marktvolumen in einigen Jahren verdoppeln kann, wenn die Weltwirtschaft wieder anzieht und wenn das Unternehmen seine Technologieführerschaft gegenüber dem Wettbewerb behaupten kann. Im Rahmen einer Produktplanungsrunde stellen sich Fragen zu technischen, finanziellen und unternehmerischen Aspekten. Es scheinen insbesondere der ehrgeizige Zeitrahmen, die zu erwartende Reaktion der Wettbewerber und die Auswirkungen des Projekts auf das laufende Geschäft noch nicht ausreichend geklärt. Der Vertrieb möchte „am liebsten" diese Maschinen weltweit vermarkten, definiert aber keine konkreten Länder.

Dieses Beispiel findet sich in der Praxis sehr häufig. Der Auftraggeber wird je nach Wissensstand entweder konkret die relevanten Rechtsvorschriften und Normen im Lastenheft spezifizieren oder es wird eine sehr allgemeine Klausel formuliert: „Der Lieferant verpflichtet sich, alle relevanten und zum Zeitpunkt der Lieferung gültigen Vorschriften und Normen zu erfüllen."

Insofern werden mit dem Lasten- und Pflichtenheft die entscheidenden Weichen zur Product Compliance gestellt (vgl. auch Bild 10). Grundsätzlich muss der Auftraggeber die öffentlich-rechtlichen Product-Compliance-Anforderungen nicht gesondert benennen, da diese automatisch für den Lieferanten gelten. Der Auftragnehmer hat sich um die Product-Compliance-Anforderungen selbst zu kümmern: Es handelt sich somit um eine Holschuld, und genau hier hat der Vertrieb eine entscheidende Mitwirkungspflicht. Bevor ein Vertrag geschlossen bzw. ein Pflichtenheft abgegeben wird, müssen im Rahmen des Risikomanagements alle Product-Compliance-Anforderungen ermittelt werden, da diese in der Regel direkten Einfluss auf die Projektkosten haben.

Das scheinbar normale Spannungsfeld zwischen Vertrieb und der Entwicklung/Konstruktion entsteht, weil sich die Kollegen aus dem Vertrieb zumeist weniger mit den geltenden Product-Compliance-Anforderungen auseinandersetzen. Sobald sich aber durch ein „versenktes Projekt" herausstellt, dass durch falsche oder komplett fehlende Product Compliance hohe Zusatzkosten (z.B.

Umrüstungskosten, Vertragsstrafen, behördliche Sanktionen und im „worst case“ gekündigte Verträge) entstehen, setzt ein Umdenken ein.

Eine präventive Methode besteht darin, vor Vertragsunterschrift alle Geschäftsrisiken, die mit der Product Compliance im Zusammenhang stehen, zu ermitteln. Dieser Teilprozess kann auch als „offer to order“ bezeichnet werden (Bild 11). Hier besteht die Risikominimierung darin, dass vor Angebotsabgabe alle relevanten Product-Compliance-Anforderungen ermittelt (vgl. 8.2.2, DIN EN ISO 9001), bewertet und monetär beziffert werden. Durch diese Vorgehensweise können eindeutig Kostenreduzierungen nachgewiesen werden. Nicht zuletzt können auch Risiken einer Haftungsinanspruchnahme für das Management minimiert werden.

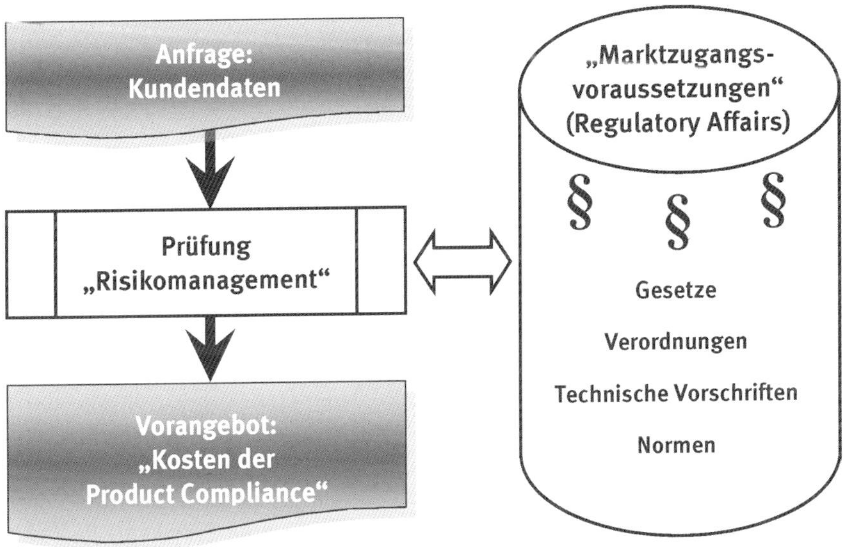

Bild 11: OTO-Prozess (offer to order)

Im Zusammenhang mit Product Compliance unterliegen **Vertriebsmitarbeiter** Irrtümern und Missverständnissen [31], die beispielhaft im Folgenden erläutert werden:

Statement: „Für uns gilt das ‚Werkstorprinzip'. Es interessiert uns nicht, was der Kunde mit dem Produkt anstellt. Er hat es gekauft, und ab der ersten Benutzung sind wir für das Produkt nicht mehr verantwortlich."

Irrtum! Der BHG hat vor einigen Jahren mit dem „Honda-Fall" ein sehr weitreichendes Urteil zum Thema Produktbeobachtung gesprochen [17], siehe dazu auch Kapitel 8.1. Die Juristen sprechen hier von der aktiven und passiven Produktbeobachtung, die sich über die gesamte Produktlebensdauer erstreckt und nicht beim Inverkehrbringen aufhört [19]!

Statement: „In unseren Verträgen haben wir die Produkthaftung ausgeschlossen."

Irrtum! Die Wegbedingung der Haftung gegenüber einem möglichen Geschädigten ist gemäß Produkthaftungsgesetz bzw. § 823 BGB irrelevant, wenn/weil der Geschädigte diesen Vertrag gar nicht unterschrieben hat (d. h. kein Vertrag zu Lasten Dritter).

3.2 Fallbeispiele

BEISPIEL 1: Außereuropäische Maschinenlieferung

Was war geschehen?

Ein Maschinenbauunternehmen erhielt den Auftrag über die Lieferung zweier Maschinenanlagen nach USA und Australien. Der technische Vertrieb verhandelte mit dem Kunden die entsprechenden Vertragsdetails. Es wurde fälschlicherweise angenommen, dass es in diesen Handelsregionen keine maschinenschutzrechtlichen Forderungen gibt, und somit wurde die CE-Kennzeichnung als ausreichend betrachtet. Es wurde auch keine Recherche nach etwaigen national gültigen Normen und Standards durchgeführt bzw. veranlasst.

Konsequenz aus Missachtung der Verantwortung

Die im Bundesstaat Texas zuständige „authority having jurisdiction" (AHJ) verweigerte die Inbetriebnahmeerlaubnis, insbesondere wegen der Nichtkonformität mit dem „national electrical code" (NEC) ANSI/NFPA 70 in Verbindung mit ANSI/NFPA 79. Sie monierte insbesondere den Schaltschrank sowie die Ausführung der Steuerung, die nicht mit UL 508 und UL 508 A konform waren. So wurden z. B. fehlende Zulassungen eines „NRTLs" sowie falsche Kabelbeschriftungen und die ungenügende Gehäusebelüftung beanstandet. Der Betreiber (Kunde des deutschen Lieferanten) erlitt durch dieses „red tag" einen täglichen Produktionsausfall, der für die sechs Wochen einen hohen sechsstelligen USD-Betrag ausmachte. Daraufhin wurden die restlichen Raten nicht bezahlt, und der Kunden machte eine Vertragsstrafe geltend. Des Weiteren kündigte der Kunde dem deutschen Vertriebsleiter an, dass avisierte Folgeaufträge mangels Lieferantenkompetenz (nationale Vorschriften waren augenscheinlich unbekannt) storniert werden.

Verantwortungsgerechtes Handeln

Bevor der technische Vertriebsleiter den Vertrag unterschreibt, müssen die lokal geltenden Rechtsvorschriften und Normen eindeutig geklärt und die technischen Anforderungen analysiert werden. Mittels eines Risikomanagementsystems werden alle Verantwortlichen eingebunden und ein finanzieller Schaden (Vertragsstrafe, nicht bezifferbarer Imageschaden sowie Verlust von Folgeaufträgen) kann somit präventiv verhindert werden.

BEISPIEL 2: Produktlieferung in die USA

Was war geschehen?

Ein Vertriebsleiter eines deutschen Unternehmens tat einem amerikanischen Kunden den Gefallen und verkaufte diesem Kunden neben dem eigentlichen Produkt (in diesem Fall ein Labormessgerät) auch einen handelsüblichen Drucker im „Bundle", ohne dass die Entwicklungs- oder QS-Abteilung davon Kenntnis erlangte.

Konsequenz aus Missachtung der Verantwortung

Da das FCC Import Form 740 bezüglich EMV gemäß der amerikanischen Bundesvorschrift 47 CFR Part 15 fehlte, beschlagnahmte die amerikanische Zollbehörde die eingeführte Ware. Der Importeur erhielt eine Strafe über

250 000 USD, wie es das Gesetz in solchen Fällen vorsieht. Zudem erging eine Mitteilung an die zuständige amerikanische Marktüberwachungsbehörde FCC (Federal Communications Commission), die für die Umsetzung und Kontrollen bezüglich EMV in den USA zuständig ist. Die FCC ging dem Fall nach und führte aufgrund von entnommenen Geräten beim Hersteller entsprechende EMV-Kontrollmessungen gemäß 47 CFR Part 15.107 und 15.109 durch. Dabei wurde festgestellt, dass zwischen 150 MHz und 250 MHz die Grenzwerte verletzt wurden. Daraufhin verhängte die FCC ein entsprechendes Vertriebsverbot und veröffentlichte diesen Importeur auf dem „schwarzen Brett“: Der Firmenname wurde im FCC-Amtsblatt veröffentlicht (Beispiel siehe in Bild 7).

Verantwortungsgerechtes Handeln

Prozessbedingt hätte die Entwicklungsabteilung oder das Qualitätsmanagement oder ein zentrales Product Compliance Management informiert werden müssen. Dann wäre für das „Bundle“ eine EMV-System-Messung veranlasst worden, da es als eine Funktionseinheit in Verkehr gebracht wurde. Das erforderliche Prozesswissen lag im Vertrieb nicht vor, sodass eine Sensibilisierung für die Product Compliance auch für den technischen Vertrieb zukünftig unabdingbar ist.

BEISPIEL 3: Werbung mit dem CE-Kennzeichen

Was war geschehen?

Ein beklagtes Unternehmen betreibt einen Online-Handel in den Bereichen Schweißtechnik, Pumpen und Elektromotoren. In seinem Online-Shop hatte das Unternehmen Arbeitshandschuhe als persönliche Schutzausrüstungen zum Verkauf angeboten und diese neben der Produktabbildung mit der Angabe „CE-geprüft“ beworben. Die Klägerin, ein rechtsfähiger Verband zur Förderung des lauteren Geschäftsverkehrs, hielt diese Form der Werbung mit dem CE-Kennzeichen für irreführend und damit wettbewerbswidrig.

Konsequenz aus Missachtung der Verantwortung

Dieser Einschätzung folgte das Landgericht und stufte die beanstandete Werbung als Verstoß gegen das Irreführungsverbot gemäß §§ 3, 5 Abs. 2 Nr. 1 UWG (Gesetz gegen den unlauteren Wettbewerb) ein. Bei dem CE-Kennzeichen handelt es sich nicht um ein Qualitätszeichen, sondern lediglich um eine Eigenbescheinigung des Herstellers, mit der dieser die Konformität des Produktes mit den geltenden Harmonisierungsrechtsvorschriften bestätigt. Das CE-Kennzeichen signalisiert jedoch weder eine besondere Sicherheit noch eine hohe Qualität des Produktes. Vor diesem Hintergrund hat das Landgericht die Irreführung darin gesehen, dass durch die Formulierung „CE-geprüft" für den unbefangenen Betrachter der unzutreffende Eindruck entstehe, eine neutrale Stelle habe eine Prüfung vorgenommen. Eine derartige Prüfung hat jedoch in Bezug auf das CE-Kennzeichen tatsächlich nicht stattgefunden. Die Werbung mit der Formulierung „CE-geprüft" geht daher über die zulässige bloße Angabe des CE-Kennzeichens hinaus und vermittelt dem Adressaten einen tatsächlich nicht gegebenen Vorzug gegenüber Konkurrenzprodukten. Die Irreführung wird auch nicht dadurch ausgeschlossen, dass fachkundigen Verkehrskreisen die Bedeutung des CE-Kennzeichens bekannt ist. Mit ihrer Werbung im Internet erreicht die Beklagte nämlich gewollt nicht nur fachkundige Kreise, sondern auch andere Verbraucher, die der Irreführungsgefahr ausgesetzt sind. Bei der Werbung mit Prüfzeichen, Zertifikaten und Testergebnissen ist besondere Sorgfalt geboten. Die Angaben müssen nicht nur vollumfänglich der Wahrheit entsprechen und objektiv nachprüfbar sein. Vielmehr müssen auch Fehlvorstellungen durch die Art der Darstellung vermieden werden [35].

Verantwortungsgerechtes Handeln

- Eine Werbung mit der gesetzlich geforderten CE-Kennzeichnung ist generell unzulässig und birgt die Gefahr, regelmäßig von Rechtsanwälten verklagt zu werden.
- Die Formulierung „CE-geprüft" kann selbst dann irreführend sein, wenn das Produkt tatsächlich mit dem CE-Kennzeichen versehen ist, da die Formulierung suggeriert, es sei eine Prüfung des Produkts auf Sicherheit, EMV, Qualität usw. durch eine neutrale Stelle erfolgt.
- Bei der Werbung mit Testergebnissen empfiehlt es sich, das Testergebnis zur Vermeidung von Irreführungen nicht mit eigenen Worten zu umschreiben, sondern sachlich neutral durch bloße Zitierung wiederzugeben.
- Problematisch ist die Werbung mit veralteten Testergebnissen (z. B. auf Basis nicht mehr aktueller Prüfnormen) oder mit Tests, die nicht auf einer repräsentativen Erhebung beruhen. In diesem Zusammenhang haben sich Standards herausgebildet, die in den Empfehlungen der Stiftung Warentest dargestellt sind.

3.3 Hinweise zur rechtskonformen Durchführung

Im Folgenden werden praktische Hinweise gegeben, die dem Teilprozessverantwortlichen des Vertriebs eine Hilfestellung zur Umsetzung seiner Rechtspflichten bieten.

- Die technischen Anforderungen mit Product-Compliance-Bezug sind vor Vertragsabschluss bzw. Angebotsabgabe (Teilprozess „offer to order") abzuklären.
- Unnötige Eigenschaftszusicherungen sind zu vermeiden.
- Die Werbung (Internet, Prospekte) ist in Bezug auf eine „lockere" Zusage technischer Eigenschaften zurückhaltend zu formulieren. Dabei ist die aus der Werbeaussage ggf. ableitbare vernünftigerweise vorhersehbare Fehlanwendung zu berücksichtigen.
- Werbeaussagen müssen technisch belegbar sein, und Sicherheitsaspekte sind präzise zu beschreiben. Übertreibungen und Vortäuschung tatsächlich nicht vorhandener Sicherheiten sind zu vermeiden.
- Die mit dem Gebrauch des Produkts verbundenen Gefahren dürfen nicht verschwiegen oder bagatellisiert werden. Produkte sollten daher nicht in einer riskanten oder sogar missbräuchlichen Verwendungsart dargestellt und beworben werden.
- Maßnahmen zur Kundenschulung und Kundenbetreuung sind zu konzipieren und anzubieten, um mögliche Informationsdefizite von Product-Compliance-Anforderungen auf beiden Seiten besser verstehen zu können.
- Der Vertrieb sollte auch für das Thema „aktive Produktbeobachtung" sensibilisiert werden, da z. B. bei Kundenbesuchen die Chance besteht, eine Fehlanwendung oder sogar einen Missbrauch des Produktes zu erkennen und spätere Unfälle zu vermeiden. Diese Informationen sind dann umgehend an die Qualitätssicherung weiterzuleiten.
- Der Erwartungshorizont der tatsächlichen Produktbenutzer hinsichtlich der Produktsicherheit muss ermittelt und für diese Zielgruppe das „Niveau" der Bedienungsanleitung angepasst werden. Hierfür kann der Vertriebsmitarbeiter einen wertvollen Input leisten.

4 Die Verantwortung der Produktentwicklung/ Konstruktion

4.1 Rolle im Rahmen der Konformitätsverantwortung

Aussagen der Produktentwicklung/Konstruktion

„Wir machen schon den halben Vertrieb, kümmern uns um QM, betreuen die Fertigung, und von der IT kommt auch nichts. Sollen wir uns nun auch noch um diesen Bürokratismus kümmern? Das hat doch nichts mehr mit Technik zu tun."

„Die technischen Rechtsvorschriften sind für Techniker nicht verständlich. Da muss man ja Jura studiert haben."

„Ich habe keine Zeit, mich zwei Wochen mit einer Norm und einer Rechtsvorschrift zu beschäftigen."

„Wozu haben wir eine Normenabteilung?"

„Wir müssen nicht wissen, in welches Land unser Produkt letztendlich geliefert wird. Das ist Sache des Vertriebs."

„Ich bin Konstrukteur und kein EMV-Fachmann."

„Ich bin davon ausgegangen, dass die von uns angewandte europäische Norm, die auf einer IEC- bzw. ISO-Norm basiert, international harmonisiert ist und deshalb überall gilt."

„Da die CE-Kennzeichnung weltweit akzeptiert wird, kümmern wir uns nicht um nationale Gesetzgebungen."

Eine der zentralen Produktpflichten aus dem Produkthaftungsrecht besteht in der Vermeidung von Konstruktions- und Entwicklungsfehlern (vgl. Kapitel 1.3 sowie Bild 3). Über die Gefahr, die von einem Produkt ausgehen kann – und damit das Vorliegen eines Produktfehlers –, entscheidet nicht deren absolute Gefährlichkeit. Zur Beurteilung muss eine Risikobetrachtung durchgeführt werden. Entsprechende Werkzeuge stellt hierfür die Normung zur Verfügung, da branchen- bzw. themenbezogene Normen für die Durchführung einer Risikobeurteilung entwickelt wurden (siehe Tabelle 2).

In jedem Fall muss ein Produkt beim erstmaligen Bereitstellen den aktuellen Stand der Wissenschaft und Technik einhalten. Diese Messlatte ist aus Produkthaftungssicht sogar höher einzustufen als der Nachweis, dass durch

Anwendung anerkannter technischer Regeln (z. B. durch Normen) der Stand der Technik erfüllt wird. Grundsätzlich muss die Product Compliance im gesamten Produktentstehungsprozess integriert werden, um dieser Rechtspflicht nachzukommen und die Risiken einer Haftungsinanspruchnahme des Herstellers zu minimieren.

Als Benutzer eines Produktes kann man davon ausgehen, dass die anerkannten technischen Regeln den Mindeststandard für die zu erwartende Sicherheit darstellen. Eine Risikobeurteilung kann aber auch zum Ergebnis führen, dass die anzuwendenden Produkt-, Produktfamilien- oder Fachgrundnormen für die vorliegende Applikation nicht ausreichend sind, um dem Stand der Wissenschaft und Technik zu genügen. Bei Auftreten eines Schadens wird man sich in diesem Fall nicht darauf zurückziehen können, „man habe doch Normen angewandt"!

Technische Normen sind eine eminent wichtige Wissensbasis, da sich die entsprechenden Normenausschüsse mit deren Fachexperten aus der Industrie umfassend mit den Themen Sicherheit, Energieeffizienz, EMV und funktionaler Sicherheit auseinandersetzen. Die Ergebnisse werden in internationalen, europäischen und nationalen Normen und sonstigen Dokumentarten veröffentlicht. Eine Auswahl solcher Regeln ist in Tabelle 4 dargestellt und branchenabhängig vor oder während des Entwicklungsprozesses zu beachten.

Tabelle 4: Auswahl technischer Regeln über grundsätzliche Anforderungen zur Product Compliance

Referenz	Titel
ISO/IEC Guide 50:2014	Safety aspects – Guidelines for child safety (Sicherheitsaspekte – Leitfaden für Kindersicherheit)
ISO/IEC Guide 51:2014	Safety aspects – Guidelines for their inclusion in standards (Leitfaden für die Aufnahme von Sicherheitsaspekten in Normen)
ISO/IEC TR 17026:2015	Conformity assessment – Example of a certification scheme for tangible products
ISO/IEC Guide 63:2019	Guide to the development and inclusion of aspects of safety in International Standards for medical devices (Leitfaden für die Entwicklung und Aufnahme von Sicherheitsaspekten in internationalen Normen bei Medizinprodukten)

Referenz	Titel
IEC Guide 107:2014	Electromagnetic compatibility – Guide to the drafting of electromagnetic compatibility publications (Elektromagnetische Verträglichkeit – Leitfaden für die Erarbeitung von Publikationen zur Elektromagnetischen Verträglichkeit)
IEC Guide 109:2012	Environmental aspects – Inclusion in electrotechnical product standards (Umweltaspekte – Berücksichtigung in Produktnormen der Elektrotechnik)
IEC Guide 112:2017	Guide on the safety of multimedia equipment (Leitfaden zur Sicherheit von Multimedia-Einrichtungen)
IEC 62474:2018	Material Declaration for Products of and for the Electrotechnical Industry
IEC Guide 114:2005	Environmental conscious design – Integrating environmental aspects into design and development of electrotechnical products (Umweltbewusstes Gestalten – Einbindung von Umweltaspekten beim Entwerfen und Entwickeln elektrotechnischer Produkte)
DIN EN ISO 12100:2011-03	Sicherheit von Maschinen – Allgemeine Gestaltungsleitsätze – Risikobeurteilung und Risikominderung (ISO 12100:2010); Deutsche Fassung EN ISO 12100:2010)
DIN EN ISO 13849-1: 2016-06	Sicherheit von Maschinen – Sicherheitsbezogene Teile von Steuerungen – Teil 1: Allgemeine Gestaltungsleitsätze (ISO 13849-1: 2015); Deutsche Fassung EN ISO 13849-1:2015
ISO 26262:2018	Straßenfahrzeuge – Funktionale Sicherheit – Teil 1: Vokabular – Teil 2: Management der funktionalen Sicherheit – Teil 3: Konzeptphase

Referenz	Titel
ISO 26262:2018 (Forts.)	– Teil 4: Produktentwicklung auf Systemebene – Teil 5: Produktentwicklung auf Hardwareebene – Teil 6: Produktentwicklung auf Softwareebene – Teil 7: Produktion und Betrieb – Teil 8: Unterstützende Prozesse – Teil 9: Automobiles Sicherheitsintegritätsniveau (ASIL)-orientierte und sicherheitsorientierte Analyse – Teil 10: Leitfaden für die Anwendung der ISO 26262 – Teil 11: Leitfaden für die Anwendung der ISO 26262 auf Halbleiter – Teil 12: Anpassung für Motorräder
IEC 61508:2010	Funktionale Sicherheit sicherheitsbezogener elektrischer, elektronischer, programmierbarer elektronischer Systeme – Teil 1: Allgemeine Anforderungen – Teil 2: Anforderungen an sicherheitsbezogene elektrische/elektronische/programmierbare elektronische Systeme – Teil 3: Anforderungen an Software – Teil 4: Begriffe und Abkürzungen – Teil 5: Beispiele zur Ermittlung der Stufe der Sicherheitsintegrität (SIL) – Teil 6: Anwendungsrichtlinie für IEC 61508-2 und IEC 61508-3 – Teil 7: Überblick über Verfahren und Maßnahmen

Referenz	Titel
IEC 61000-1-2:2016	Electromagnetic compatibility (EMC) – Part 1-2: General – Methodology for the achievement of functional safety of electrical and electronic systems including equipment with regard to electromagnetic phenomena (Elektromagnetische Verträglichkeit (EMV) – Teil 1-2: Allgemeines – Verfahren zum Erreichen der funktionalen Sicherheit von elektrischen und elektronischen Systemen einschließlich Geräten und Einrichtungen im Hinblick auf elektromagnetische Phänomene)
DIN EN 50126:2018-10	Bahnanwendungen – Spezifikation und Nachweis von Zuverlässigkeit, Verfügbarkeit, Instandhaltbarkeit und Sicherheit (RAMS) – Teil 1: Generischer RAMS-Prozess – Teil 2: Systembezogene Sicherheitsmethodik
DIN EN 50128:2012-03	Bahnanwendungen – Telekommunikationstechnik, Signaltechnik und Datenverarbeitungssysteme – Software für Eisenbahnsteuerungs- und Überwachungssysteme
DIN EN 50129:2019-06	Bahnanwendungen – Telekommunikationstechnik, Signaltechnik und Datenverarbeitungssysteme – Sicherheitsbezogene elektronische Systeme für Signaltechnik
DIN EN 62061:2016-05	Sicherheit von Maschinen – Funktionale Sicherheit sicherheitsbezogener elektrischer, elektronischer und programmierbarer elektronischer Steuerungssysteme (IEC 62061:2005 + A1:2012 + A2:2015); Deutsche Fassung EN 62061:2005 + Cor.:2010 + A1:2013 + A2:2015
DIN EN 61511-1:2019-02	Funktionale Sicherheit – PLT-Sicherheitseinrichtungen für die Prozessindustrie – Teil 1: Allgemeines, Begriffe, Anforderungen an Systeme, Hardware und Anwendungsprogrammierung (IEC 61511-1:2016 + COR1:2016 + A1:2017); Deutsche Fassung EN 61511-1:2017 + A1:2017

Referenz	Titel
DIN EN 61511-2:2019-02	Funktionale Sicherheit – PLT-Sicherheitseinrichtungen für die Prozessindustrie – Teil 2: Anleitungen zur Anwendung von IEC 61511-1 (IEC 61511-2:2016); Deutsche Fassung EN 61511-2:2017
DIN EN 61511-3:2019-02	Funktionale Sicherheit – PLT-Sicherheitseinrichtungen für die Prozessindustrie – Teil 3: Anleitung für die Bestimmung der erforderlichen Sicherheits-Integritätslevel (IEC 61511-3: 2016); Deutsche Fassung EN 61511-3:2017
DIN EN 62304:2016-10	Medizingeräte-Software – Software-Lebenszyklus-Prozesse (IEC 62304:2006 + A1:2015); Deutsche Fassung EN 62304:2006 + Cor.:2008 + A1:2015
DIN EN 61513:2013-09	Kernkraftwerke – Leittechnik für Systeme mit sicherheitstechnischer Bedeutung – Allgemeine Systemanforderungen (IEC 61513:2011); Deutsche Fassung EN 61513:2013
CENELEC Guide 12:2014-11	Procedure for the withdrawal of conflicting national standards at the implementation of European standards prepared under a Part 1/ Part 2-x system
CENELEC Guide 25:2009-12	Guide on the use of Standards for the implementation of the EMC Directive to apparatus
DIN 31000:2017-04	Allgemeine Leitsätze für das sicherheitsgerechte Gestalten technischer Erzeugnisse
DIN EN 62198:2014-08	Risikomanagement für Projekte – Anwendungsleitfaden (IEC 62198:2013); Deutsche Fassung EN 62198:2014
DIN EN IEC/IEEE 82079-1: 2021-09	Erstellung von Nutzungsinformationen (Gebrauchsanleitungen) für Produkte – Teil 1: Grundsätze und allgemeine Anforderungen (IEC/IEEE 82079-1:2019); Deutsche Fassung EN IEC/IEEE 82079-1:2020

Referenz	Titel
DIN EN ISO/IEC 17050-1: 2010-08	Konformitätsbewertung – Konformitätserklärung von Anbietern – Teil 1: Allgemeine Anforderungen (ISO/IEC 17050-1:2004, korrigierte Fassung 2007-06-15); Deutsche und Englische Fassung EN ISO/IEC 17050-1:2010
DIN EN ISO/IEC 17050-2: 2005-01	Konformitätsbewertung – Konformitätserklärung von Anbietern – Teil 2: Unterstützende Dokumentation (ISO/IEC 17050-2: 2004); Deutsche und Englische Fassung EN ISO/IEC 17050-2:2004

Innerhalb der Europäischen Union sind die für das jeweilige Produkt geltenden Rechtsvorschriften zu ermitteln, die für die Entwicklung und Konstruktion maßgeblich sind. Im Bereich der *neuen Konzeption* sind dies in erster Linie die in Tabelle 7 dargestellten Harmonisierungsrechtsvorschriften, die eine CE-Kennzeichnung vorsehen. Jede dieser Richtlinien definiert die grundlegenden Anforderungen (z. B. elektrische Sicherheit, EMV), die von dem jeweiligen Produkt erfüllt werden müssen, bevor es in den Verkehr gebracht werden darf. Als Nachweis, dass diese Anforderungen erfüllt werden, muss der Hersteller das jeweils in der EU-Richtlinie und der EU-Verordnung vorgesehene Konformitätsbewertungsverfahren anwenden und entsprechend dokumentieren. Kernansatz ist dabei das **Konformitätsvermutungsprinzip**, welches in allen Harmonisierungsrechtsvorschriften der *neuen Konzeption* verankert ist:

Wendet der Hersteller harmonisierte Normen (EN) an, die im Amtsblatt der Europäischen Union als Referenzen angezeigt werden, gehen die Marktüberwachungsbehörden von der Übereinstimmung mit den grundlegenden Anforderungen aus.

In diesem Fall greift die Beweislastumkehr: Die Marktüberwachungsbehörden müssten dem Hersteller bei einem „Verdacht der Nichtkonformität" das Gegenteil dieser Vermutung nachweisen.

Dieses Verfahren basiert auf der sogenannten Selbstbescheinigung und der internen Fertigungskontrolle durch den Hersteller (ohne „Drittstellenbewertung", Modul A nach 768/2008/EG).

Bei dieser Vorgehensweise sind deutlich die Vorteile der Normenanwendung und eine Stärkung der Herstellereigenverantwortung zu erkennen.

Dennoch bleibt die Normenanwendung freiwillig. Entscheidet sich ein Hersteller gegen die Normenanwendung oder wendet er nur teilweise Normen an, ist dies im Rahmen der CE-Kennzeichnung auch zulässig. Allerdings kann er in diesem Fall nicht das Prinzip der Beweislastumkehr für sich in Anspruch nehmen (siehe Kapitel 1.2). Er muss in den technischen Unterlagen „seinen" Lösungsweg dokumentieren, wie er sicherstellt, dass das Produkt dennoch den grundlegenden Anforderungen entspricht.

Das Konformitätsbewertungsverfahren „interne Fertigungskontrolle" wird in denjenigen Harmonisierungsrechtsvorschriften referenziert, wo es sich typischerweise nicht um Risikoprodukte handelt. Hier ist der Hersteller selbst Herr des Verfahrens. Er muss sicherstellen, dass während der Entwurfs- und Herstellungsphase das Produkt konform mit den grundlegenden Schutzanforderungen der jeweiligen EU-Richtlinie oder EU-Verordnung ist. Dieses Konformitätsbewertungsverfahren wurde z. B. in der EMV-Richtlinie, Niederspannungsrichtlinie und der Maschinenrichtlinie (außer für Anhang IV – Maschinen) implementiert. Im Kern muss der Hersteller in den technischen Unterlagen die Übereinstimmung mit den grundlegenden Anforderungen dokumentieren (durchgeführte Risikobeurteilung und EMV-Bewertung, Prüfberichte, Berechnungen, getroffene konstruktive Sicherheits- und EMV-Maßnahmen usw.).

Grundsätzlich gilt, dass ein Produkt unter mehrere Harmonisierungsrechtsvorschriften fallen kann. Der Hersteller hat deshalb alle in Frage kommenden Harmonisierungsrechtsvorschriften auf Anwendungsrelevanz zu überprüfen. Dabei kann es vorkommen, dass unterschiedliche Konformitätsbewertungsverfahren zur Anwendung kommen.

Für die rechtskonforme Durchführung des jeweilige Konformitätsbewertungsverfahrens ist, wie bereits in Kapitel 1.2 ausgeführt, die juristische Person verantwortlich. Das Management ist deshalb regelmäßig dafür verantwortlich, die notwendigen Mittel (Zeit, Personal mit entsprechenden Qualifikationen, Datenbanken, Software usw.) bereitzustellen sowie die erforderlichen Verfahren und Prozesse in einem Product Compliance Workflow zu implementieren (siehe Kapitel 1.1). In erster Linie wird deshalb ein Teilprozess „sichere Konstruktion" in der Produktentwicklung zu implementieren sein.

Im Zusammenhang mit Product Compliance unterliegen **Entwickler und Konstrukteure** Irrtümern und Missverständnissen [31], die beispielhaft im Folgenden erläutert werden:

Statement: „Wir haften nicht, wenn der Benutzer mit unserem Produkt nicht bestimmungsgemäß umgeht. Eine vorhersehbare Fehlanwendung sehen wir nicht bzw. brauchen wir nicht zu betrachten, da es sich doch eindeutig um Missbrauch handelt."

Irrtum! Es geht nicht um den unvernünftigen bzw. bestimmungswidrigen Umgang mit dem Produkt. Sondern es geht darum, ob ein verantwortungsbewusster Konstrukteur bzw. Hersteller die vernünftigerweise vorhersehbare Fehlanwendung hätte voraussehen und somit einen Schaden hätte verhindern können. Dieser Begriff wird fälschlicherweise mit dem Missbrauch verwechselt. Den Missbrauch kann kein Hersteller voraussehen, geschweige denn verhindern. Deshalb ist die vernünftigerweise vorhersehbare Fehlanwendung bereits im öffentlichen Recht – sprich vor dem Inverkehrbringen – per Risikobeurteilung zu ermitteln (siehe Tabelle 2). Die Entwicklungsabteilung muss (in dieser Reihenfolge)

1) konstruktive Maßnahmen im Produktdesign hinsichtlich der gebotenen Sicherheit umsetzen,
2) äußere Schutzmaßnahmen vorsehen und
3) entsprechende Nutzerhinweise für die sichere Bedienung sowie Warnhinweise auf die Restgefahren geben (sogenannte Instruktionspflichten).

Statement: „Für Entwicklungsfehler und Konstruktionsfehler können wir nicht haftbar gemacht werden."

Irrtum! Es ist zwischen dem Entwicklungsfehler und dem Konstruktionsfehler zu unterscheiden. Entwicklungsfehler, die nicht vorhersehbar und damit nicht verhinderbar sind, führen zu keiner Haftung. Wenn Juristen vom Konstruktionsfehler sprechen, ist der tatsächlich vorhersehbare und damit verhinderbare Fehler gemeint. Ein verhinderbarer Fehler wäre z. B. das Nichtbeachten einer technischen Sicherheitsanforderung, die als Stand der Technik in einer anerkannten technischen Regel publiziert wurde. Mit der europäischen Produkthaftungsrichtlinie 85/374/EWG [21] wurde die Haftung für fehlerhafte Produkte weitestgehend harmonisiert. Allerdings wurde den Mitgliedstaaten bei der Umsetzung ein gewisser Spielraum gelassen. So konnten die Mitgliedstaaten entscheiden, ob sie die sogenannte Entwicklungsrisikoeinlassung in ihr nationales Recht umsetzen [22]. In einigen EU-Mitgliedstaaten können Hersteller demnach für Entwicklungsfehler haftbar gemacht werden (nur Finnland und Luxemburg).

Statement: „Wir lassen unsere Produkte extern überprüfen und haften deshalb nicht mehr bei möglichen Konstruktionsfehlern in unseren Produkten."

Irrtum! Eine externe Prüfung bei einem Prüfinstitut ist nie haftungsbefreiend, selbst wenn ein externes Prüflabor evtl. einen Prüffehler machen sollte. Es ist (immerhin) eine rein haftungsentlastende Maßnahme. Hier empfiehlt sich in jedem Fall, ein gemäß ISO/IEC 17025 akkreditiertes Prüfinstitut auszuwählen. Eine Fehlerfreiheit des Produktes kann hiermit dennoch nicht garantiert werden.

Wer die öffentlich-rechtlichen Vorschriften zum Inverkehrbringen (Präventivrecht gemäß Bild 3) sicherer Produkte beachtet und entsprechende Prozesse unternehmensintern im Produktentstehungsprozess implementiert und zyklisch kontrolliert, ist „auf der sicheren Seite". Verkehrssichere Produkte minimieren das Risiko, mit den Marktüberwachungsbehörden in Konflikt zu geraten oder sogar in einen Produkthaftungsprozess verwickelt zu werden.

4.2 Fallbeispiel

Technische Klärung

Was war geschehen?

Der Vertriebsmitarbeiter akquirierte in einem für ihn neuen Bereich des Bergbaus, für den strenge Rechtsvorschriften (ATEX-Richtlinie 2014/34/EU) gelten. Die Schutzanforderungen wurden jedoch nicht abgefragt und die Angebotsbearbeitung selbstbewusst zugesagt. Insbesondere wurden folgende Fragestellungen nicht beachtet:

1) Der Ort der Installation der für den Einsatz vorgesehenen Geräte- und Schutzsysteme dieses Geräteherstellers und
2) die Definition der Schnittstellen mit anderen explosionsgefährdeten Bereichen.

Die dazu maßgebliche Norm DIN EN 1127-1 wurde ebenfalls nicht beachtet.

Das Angebot wurde der Konstruktion zur technischen Klärung übergeben. Nach vielen Telefonaten mit den Kunden konnte der Konstrukteur die geforderte Schutzklasse in Erfahrung bringen und entschied, nach Rücksprache mit den Vorgesetzten, die Konstruktion für Teilkomponenten, für die keine eigenentwickelte Ex-Schutzkompetenz bestand, zuzukaufen. Der Einkauf wurde eingebunden, um diese Bauteile gemäß der genannten Schutzklasse für die Schaltanlage extern anzufragen. Der Einkäufer fragte verschiedene Zulieferer an und entschied sich für die kostengünstigste Variante, ohne jedoch die für den schutzgemäßen Einsatz erforderlichen Randbedingungen (Einsatzort und Schnittstellen, Anwendung der DIN EN 1127-1) zu erkennen und die Konstruktion mit der Klärung zu beauftragen. In der Konstruktion wurde schließlich die Schaltanlage aus vorhandenen und zugekauften Bauteilen zusammengestellt und dem Kunden die Angebotszeichnung vorgestellt. Dieser erkannte sehr schnell, dass die Gesamtausführung in mehreren Punkten nicht den Anforderungen entsprach (kritische Materialauswahl und -kombination, kritische belüftete Bereiche, Kabeldurchführungen nicht entsprechend Schutzklasse, Zündgefahren waren erkennbar etc.). Der Kunde verzichtete auf die Nachbesserung des Angebotes.

Konsequenz aus Missachtung der Verantwortung

Ein kleines Unternehmen für Schaltanlagen verlor einen wichtigen Auftrag an die Konkurrenz. Der erhoffte Einstieg in ein neues Geschäftsfeld war damit verpasst, da sich die technische Inkompetenz bei der Abwicklung des Angebotes bei den wenigen Kunden schnell herumsprach. „Schuldige“ konnten im Unternehmen nicht in die Verantwortung genommen werden, da die Angebotsbearbeitung auf Basis des vorhandenen Wissens im Unternehmen im Vertrieb, in der Konstruktion und im Einkauf erfolgte und den Beteiligten fahrlässiges Verhalten nicht unterstellt werden konnte.

Verantwortungsgerechtes Handeln

Die technische Gesamtabwicklung – von der Anfrage bis zur Auslieferung – muss in einer Hand liegen (z. B. der Konstruktion), da für Neuentwicklungen nicht von einem eingefahrenen, verteilten und abgesicherten Wissen im Unternehmen ausgegangen werden darf. Der Konstrukteur muss im vorliegenden Fall die grundlegenden Anforderungen gemäß ATEX-Richtlinie 2014/34/EU, Anhang II eindeutig identifizieren und daraus eine interne Spezifikation ableiten. Die konstruktive Umsetzung der Anforderungen geht einher mit einer Risikobeurteilung gemäß Anhang II 1.0.1 und 1.0.2, die ausführlich unter Anwendung der Normen DIN EN 15198:2007-11 und DIN EN ISO 12100:2011-03 (siehe Tabelle 2) dokumentiert werden muss. Werden Kompetenzdefizite im Haus erkannt, muss damit „offen und ehrlich umgegangen“ werden dürfen. Ggf. sollten externe Fachberater eingebunden werden (z. B. in Workshop-Form), um die Risikobeurteilung durchzuführen und die konstruktiven Maßnahmen und erforderlichen Prüfungen festzulegen.

4.3 Hinweise zur rechtskonformen Durchführung

Im Folgenden werden praktische Hinweise gegeben, die dem Teilprozessverantwortlichen der Konstruktion eine Hilfestellung zur Umsetzung seiner Rechtspflichten bieten.

- In Entwicklungsrunden muss das Thema Product Compliance fester Berichtsbestandteil sein.
- Bei großer Produktvielfalt und globaler Vermarktung sollte die Chance einer aktiven Teilnahme in der Normung genutzt werden.
- Organisation eines Teilprozesses „Regelmanagement“ (Vorschriften, Normen) mit Verfolgung terminkritischer Themen zur Product Compliance, entweder in dezentraler oder zentraler Form. Hierbei ist insbesondere die Frage zu klären, ob es sich um eine „Informationsholschuld“ der Entwicklungsabteilung oder um eine „Informationsbringschuld“ des internen Dienstleisters (Normenstelle oder QS-Abteilung) handelt.
- Es sollte ein Product Compliance Workflow innerhalb des Entwicklungsplans festgelegt werden (Spezifikation/Planung – Vorschriften/Normen – Konzept – Entwurf – Verifizierung – Freigabe – Dokumentation – Validierung – Auslieferung).
- Workflow zur Risikobeurteilung einführen und Anforderungen zur Product Compliance bewerten. Die Risiken müssen während der voraussichtlichen Lebensdauer eines Produktes oder einer Maschine ermittelt und beseitigt werden, einschließlich der Zeit, in der das Betriebsmittel transportiert, montiert, demontiert, außer Betrieb gesetzt und entsorgt wird.
- Kritische Prozesse z. B. mit „Six Sigma“ (statistisches Qualitätsziel und zugleich der Name einer Qualitätsmanagement-Methodik) oder mittels einer FMEA (Failure Mode and Effects Analysis oder auch deutsch: Fehler-Möglichkeits- und Einflussanalyse) beleuchten.
- Nutzung von Tools zur Unterstützung der Konformitätsbewertung (z. B. Software zur Durchführung der Risikobeurteilung gemäß DIN EN ISO 12100: 2011-03).
- Einbindung externer Prüfstellen mit klaren Prüfvorgaben.
- „Einmischung“ in der Angebotsphase zur Klärung des Lasten-/Pflichtenheftes; endgültige Freigabe immer durch technische Verantwortliche (nicht Vertrieb!).

5 Die Verantwortung der Normenabteilung

5.1 Rolle im Rahmen der Konformitätsverantwortung

Aussagen der Normenabteilung

„Wir sind für die Normenbeschaffung zuständig. Ob die Entwickler die Normen lesen, können wir nicht überprüfen, und das ist auch nicht unsere Verantwortung."

„Wir haben alle relevanten Normen im Hause und wenden diese auch an. Deshalb geht unser Geschäftsführer davon aus, dass kein Produkthaftungsrisiko besteht."

„Wir beziehen die aus unserer Sicht wichtigen Normen. Aber welche Verknüpfungen zu anderen Normen oder Rechtsvorschriften bestehen, wissen wir nicht genau. Dazu müsste man ja alle relevanten Dokumente gründlich lesen."

„Das Thema Product Compliance ist wieder so ein neuer englischer Begriff, mit dem keiner etwas anfangen kann. Dafür haben wir doch eine Rechtsabteilung."

„Früher waren wir noch fünf Kollegen. Jetzt sind wir nur noch 1,5 Köpfe. Das reicht nur noch zum Verwalten und Verteilen der Normen."

„Ich habe noch zwei Jahre und gehe dann in Rente. Mit diesen Themen können sich dann andere beschäftigen."

„Aus meiner früheren Tätigkeit als Konstrukteur weiß ich sehr wohl, welche Bedeutung Product Compliance hat. Aber heute hört mir ja keiner mehr zu."

„Wir sind im Informationsworkflow wenig integriert. An den Entwicklungsrunden nehmen wir auch nicht teil."

Die unterschiedlichen Herausforderungen für die Normung und deren Beteiligte werden im vorliegenden Buch nicht vertieft behandelt. Die erarbeiteten Normen bereitzustellen und zu organisieren, ist jedoch eine ebenso anspruchsvolle nachgelagerte Aufgabe, die bereits frühzeitig annonciert wurde [36] [37] [38].

Die Regelwerksverfolgung und -anwendung (kurz „Regelmanagement") hat sich in den letzten Jahren durch neue Software-Lösungen, die Einbeziehung elektronischer Dokumente und eine stetig wachsende Zahl von Rechtsvorschriften und Normen stark gewandelt [30] [39] [41]. Neben dem erleichterten Finden und dem Zugriff auf Inhalte von Normen durch semantische Suchmaschinen rückt in den späten 2010er Jahren verstärkt die Frage der erleichterten Normen-Content-Nutzung in den Vordergrund [40]. Die Normung und die Normenanwendung befinden sich in einem Veränderungsprozess, der durch die Digitalisierung sowohl ausgelöst als auch gefördert wird. Sowohl die Erstellung von Normen ändert sich, als auch die Nutzung der Norminhalte durch die Anwender [42]. Die Industrie wird zunehmend Normen-Content anstatt nur im PDF-Format auch in anderen Formaten und anstatt nur in sequenziellen Dokumentformen auch z. B. in Datenbankform benötigen. Die Überführung sowie die Weiterverwertung von in XML vorliegendem Normen-Content in Materialdatenbanken oder Anforderungsmanagementsystemen sind hierbei konkrete Anwendungsfälle. Ein weiteres zukünftiges Nutzungsszenario ist die automatisierte Übernahme von Norm-Inhalten über Content-Schnittstellen von Normungsinstituten in Softwaresysteme von Unternehmen. Dies, um ggf. genormte Produkteigenschaften zu nutzen, die direkt oder indirekt in der Konstruktion oder bei der Maschinensteuerung Verwendung finden. Der Begriff *maschinenausführbare* oder *maschineninterpretierbare Normen,* oder kürzer *SMART Standards,* deutet die wesentlichen Aspekte einer solchen Nutzung von granularem Normen-Content an.

Fakt ist, dass Vorschriften und Normen branchenübergreifend Einfluss auf den erfolgreichen Marktzugang haben.

Insbesondere, wenn Normen einen direkten Bezug zu Rechtsvorschriften haben, müssen sich die Unternehmen die Frage stellen, wie sie ihr Regelmanagement organisieren wollen. Es gibt zwar keine direkte Rechtspflicht, eine Normenabteilung zu implementieren. Dennoch lässt sich aus der deliktischen Produzentenhaftung, und hier der Rechtsprechung zu den Verkehrssicherungspflichten gemäß § 823 Abs. 1 BGB, eine **Organisationspflicht zur Informationsbereitstellung** ableiten:

> Die regelmäßige Bekanntmachung der für Entwicklung, Herstellung und Betrieb, aber auch der für die Arbeit der Mitarbeiter persönlich bedeutsamen Rechtsvorschriften, Normen und sonstigen technischen Regeln, Sicherheitsstandards etc. und die Überwachung ihrer Einhaltung muss unternehmensweit organisiert werden.

Anders formuliert, aber mit dem gleichen Ziel, bezeichnet es die DIN EN ISO 9001 als **Lenkung dokumentierter Information**:

> „Die für das Qualitätsmanagementsystem erforderliche und von dieser Internationalen Norm geforderte dokumentierte Information muss gelenkt werden, um sicherzustellen, dass sie:
>
> a) verfügbar und für die Verwendung an dem Ort und zu der Zeit geeignet ist, an dem bzw. zu der sie benötigt wird;
>
> b) angemessen geschützt wird (z.B. vor Verlust der Vertraulichkeit, unsachgemäßem Gebrauch oder Verlust der Integrität)."

Gemäß DIN EN ISO 9000 sind „Dokumente" auch Rechtsvorschriften, Normen, technische Regeln und weitere normative Dokumente. Vieles spricht demnach dafür, hier eine zentrale Stelle für die Informationsbeschaffung und -bereitstellung zu implementieren. Die Anforderungen an ein Regelmanagement sind in Bild 12 dargestellt.

Eine Normenabteilung kann Informationen zu Regeln mittels Datenbanken bereitstellen und deren Veränderungen überwachen [30] [43]. Unternehmen, die über keinen internen Informationsdienstleister verfügen, werden dieses Wissen extern zukaufen und ggf. die Regelwerksverfolgung an externe Dienstleister vergeben. Ein aktives und aktuelles Regelmanagement ist im Zusammenhang mit der CE-Kennzeichnung von hoher Bedeutung, wie nachfolgend anhand von Beispielen beschrieben wird.

Im Zusammenhang mit von den europäischen Normungsorganisationen CEN, CENELEC und ETSI vorgesehenen Übergangsfristen für die Zurückziehung „entgegenstehender nationaler Normen" (date of withdrawal, kurz „dow") hat die EU-Kommission ein zweites Datum eingeführt: Datum der Streichung aus dem Amtsblatt (Ende der Konformitätsvermutung). Es entspricht zwar im Regelfall dem „dow" (von den Normungsorganisationen CEN, CENELEC und ETSI festgelegt), aber die Kommission weist darauf hin, dass dies im Einzelfall auch anders sein kann. Dieses Streichdatum wird im Zusammenhang mit der Veröffentlichung der harmonisierten Normen im EU-Amtsblatt angegeben und sollte regelmäßig überwacht werden. Insbesondere bei Serienprodukten, die immer wieder „erstmalig" in Verkehr gebracht werden, muss die aktuelle Normenlage geprüft und analysiert werden. Dazu ein prinzipielles Beispiel zur „EN 61010-2-010" und der geforderten Implementierung eines Verfahrens zur Lenkung von Dokumenten:

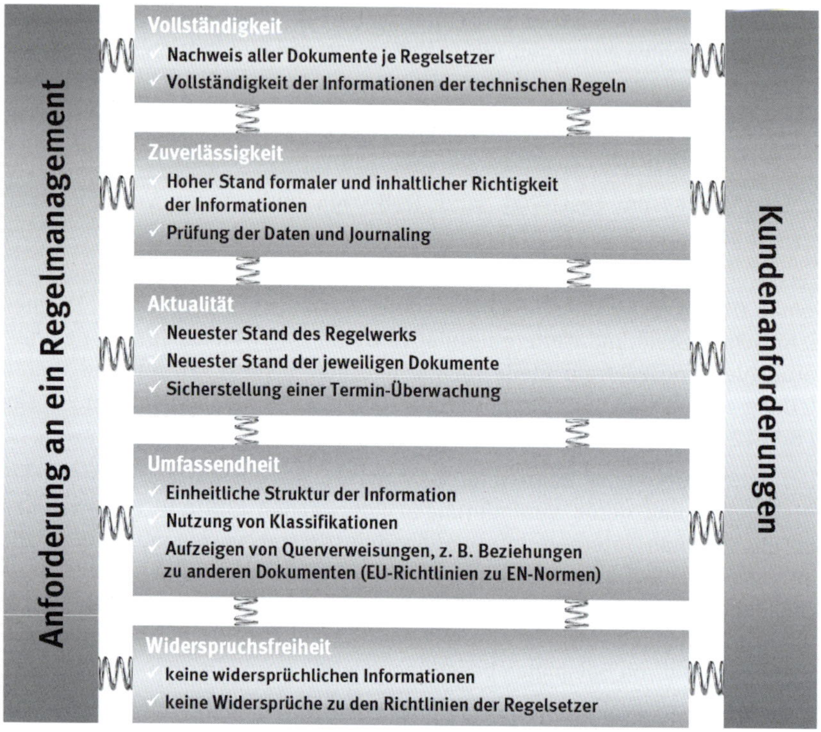

Bild 12: Anforderungen an ein Regelmanagement und Kundenanforderungen

Statement: „Unsere Entwickler kümmern sich relativ wenig um Begriffe wie Inverkehrbringen, Normenänderungen und Konformitätsvermutung. In den Gremien arbeiten sie auch nicht mehr mit, und wir beschränken uns auf die Normenbeschaffung. Die Produktzulassung vergeben wir an externe Prüflabore und Zertifizierungsorganisationen, die uns dann schon über aktuelle anzuwendende Normen informieren werden."

Irrtum! Es besteht eine Holschuld des Unternehmens, sich aktiv über die aktuell anzuwendenden Normen und deren zeitliche Geltungsdauer zu informieren. Die Auswirkungen sind im Produktentstehungsprozess zu berücksichtigen. Diese Verpflichtung sollte nicht den Prüflaboren übertragen werden. Für die CE-Kennzeichnung muss der Hersteller selbst wissen, dass harmonisierte Normen im Zusammenhang mit dem Inverkehrbringen und der Konformitätsvermutung stehen. Die Abhängigkeiten werden im folgenden Beispiel erläutert. Seit dem EUGH-Urteil „James Elliott" veröffentlicht die EU-Kommission die Fundstellen der harmonisierten Normen nach einer bestimmten Methode. In der letzten Spalte (siehe Tabelle 5) wird das Datum der Streichung einer i. d. R. ersetzten Norm angezeigt. Zu diesem Stichtag verliert diese harmonisierte Norm ihre Konformitätsvermutungswirkung. Der letzte Anwendungstag für die Konformitätsbewertung in Bezug auf die ersetzte Norm – und somit auch für das Inverkehrbringen des Produktes – ist demnach der 22. 11. 2022. Bis zu diesem Stichtag hat der Hersteller also die Wahl, ob er bereits die EN IEC 61010-2-010:2020 anwendet (und danach entwickelt und produziert) oder noch die ersetzte Norm EN 61010-2-010:2014 zugrunde legt.

Tabelle 5: Prinzipielle Darstellung von Normenreferenzen im EU Amtsblatt (nicht aktuell)

Europäische Normungsorganisation	Bezug und Titel der Norm	Datum des Beginns der Konformitätsvermutung	Datum der Streichung aus dem Amtsblatt (Ende der Konformitätsvermutung)
CENELEC	EN 61010-2-010:2014	20. 04. 2016	22. 12. 2022
CENELEC	EN IEC 61010-2-010:2020	22. 06. 2021	–

Mit diesem Beispiel wird deutlich, dass ein **interner Informationsdienstleister** als Frühwarnsystem, als Informationskoordinator und als Wissensquelle für Interpretationsfragen im Produktentstehungsprozess eine wesentliche Funktion einnehmen kann.

5.2 Fallbeispiel

Kommunikation und Informationsverteilung

Was war geschehen?

Eine Normenabteilung in einem Unternehmen wurde über die Jahre so weit reduziert, dass nur noch eine Verwaltung von Dokumenten vorgenommen werden sollte. Hierfür lagen in Arbeitsanweisungen Verteilerlisten vor, aus denen die zu beliefernde Abteilung, Art der Dokumente und Lieferzyklus erkennbar sind. Aufgrund mehrerer Organisationsveränderungen im Unternehmen hatten sich die Abteilungsbezeichnungen und Verantwortlichkeiten geändert. Die Arbeitsanweisung wurde durch den Verantwortlichen der Normenabteilung nicht angepasst, da – so die Begründung – die „Kapazität hierfür nicht zur Verfügung stand und außerdem eine andere Abteilung dafür zuständig sei“. Erst nach einem halben Jahr bemerkten empfangende Abteilungen im Produktionsprozess, dass sie nicht mehr mit aktuellen Dokumenten beliefert wurden. Montageaufträge wurden somit auf der Basis veralteter Zeichnungen ausgeführt. Die in der Zwischenzeit geänderten Prüfvorschriften aufgrund geänderter Harmonisierungsrechtsvorschriften führten zu erheblichen Mehrkosten nach Auslieferung, da konstruktive Änderungen nicht berücksichtigt wurden.

Konsequenz aus Missachtung der Verantwortung

Der langjährige Verantwortliche der Normenabteilung eines mittelständischen Unternehmens mit zwei Standorten in Deutschland erhielt eine Abmahnung, da er über einen längeren Zeitraum entsprechend einer veralteten Arbeitsanweisung die Dokumente (Zeichnungen, Stücklisten und Normen) verteilt hatte, die die aktuellen organisatorischen Veränderungen nicht abbildete.

Verantwortungsgerechtes Handeln

Es ist ein Merkmal unzeitgemäßer Organisations- und Umgangsformen, wenn das Prinzip „Hol- und Bringschuld“ das Handeln prägt. „Sehenden Auges“ werden Organisationsdefizite von Mitarbeitern gebilligt, da diese ganz klare Vorstellungen der „richtigen“ Verantwortungszuordnung besitzen und auch für sich umsetzen. Ein verantwortungsbewusstes Handeln besteht darin, dass – in diesem vorliegenden Fall – der Mitarbeiter der Normenabteilung eigenverantwortlich organisatorische Änderungen hätte abholen müssen, um diese in seinen Verteilerlisten zu aktualisieren und den

Anwendern zügig zuzuführen. Darauf zu warten, dass die für die Organisation zuständige Abteilung zur Pflege von Arbeitsanweisungen den Änderungsauftrag zu ihm bringt, zeugt von einem geradezu ignoranten Verständnis übergreifender Prozesse. Es besteht jedoch ebenso eine Organisationspflicht der Vorgesetzten, dass solche Positionen mit Mitarbeitern besetzt werden, die die Auswirkungen von Product-Compliance-relevanten Veränderungen erkennen und interpretieren können. Mitarbeiter, die erst kurz in einem Unternehmen beschäftigt sind, müssen zweckmäßigerweise in den Schnittstellenabteilungen im Rahmen eines Einarbeitungsprogrammes zeitlich begrenzt mitarbeiten, um die Prozesse besser zu verstehen. Langjährige Mitarbeiter, bei denen diese Kompetenz im Grunde vorausgesetzt werden kann, sollten von diesen Arbeiten entbunden werden.

5.3 Hinweise zur rechtskonformen Durchführung

Im Folgenden werden praktische Hinweise gegeben, die dem Teilprozessverantwortlichen der Normenabteilung eine Hilfestellung zur Umsetzung seiner Rechtspflichten bieten.

- Das Informationsmanagement von Normen und anderen Dokumenten setzt voraus, dass geeignete Verfahren im Unternehmen etabliert werden [30] [37]. Abhängig von der Unternehmensgröße und den kundenbezogenen Anforderungen können sehr unterschiedliche Verfahren eingesetzt werden, um die Rechtskonformität sicherzustellen.
- Die Normenabteilung kann nicht mehr nur der „Verwalter" von Dokumenten sein. Eine aktive Rolle im Bereich Normung und Normenanwendung setzt weit vor dem Produktentstehungsprozess an (Bild 13). Die Normenabteilung sollte eine koordinierende Rolle im Unternehmen übernehmen, um die verschiedenen Prozesspartner im Unternehmen mit den für sie relevanten Informationen zu versorgen (siehe auch Bild 10).
- Normen nehmen im Bereich der Product Compliance eine wichtige Funktion ein. Frühzeitige Informationen, die im Produktentstehungsprozess Berücksichtigung finden, minimieren die Haftungsrisiken. Die mit dem Regelmanagement betrauten Mitarbeiter müssen regelmäßig geschult werden.
- Das Product Compliance Management arbeitet eng mit der Normenabteilung zusammen oder kann dort auch organisatorisch zugeordnet werden.

– Die Aufgaben einer modernen Normenabteilung sollten sich auch in der Bezeichnung widerspiegeln, wie z. B. „Technical Data Management and Support", „Normenmanagement" oder „Technische Dienste". Letztlich gilt es, den hohen Anspruch an einen Informationsdienstleister auch nach außen zu dokumentieren. Die Abteilung sollte nur nicht „Normenverwaltung" genannt werden: Normen bzw. Dokumente werden nicht „verwaltet", sondern müssen unternehmensintern „gemanagt" werden.

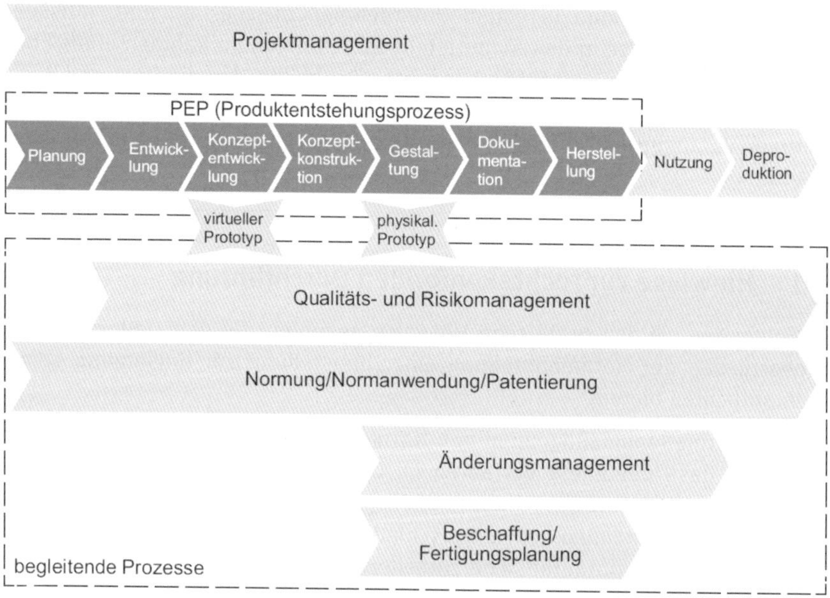

Bild 13: Normung und Normenanwendung im Produktentstehungsprozess [44]

6 Die Verantwortung des Einkaufs

6.1 Rolle im Rahmen der Konformitätsverantwortung

Aussagen des Einkaufs

„Wir kaufen das preisgünstigste Zulieferteil bei allerhöchsten Qualitätsansprüchen ein, das CE-Kennzeichen reicht uns als Nachweis."

„Wir haben QSVs (Qualitätssicherungsvereinbarungen) mit unseren Lieferanten. Darauf können wir uns verlassen. Auf Wareneingangskontrollen können wir deshalb verzichten."

„Wenn die Konstruktion keine ordentlichen Angaben macht, wechseln wir den Lieferanten – auch innerhalb der Serie. Jedes überflüssige Prüfsiegel kostet nur Geld."

„Product Compliance ist kontraproduktiv zu unseren Cost-down-Maßnahmen."

„Nur durch Stückzahlbündelung bekomme ich Mengenrabatte bei unseren Zulieferern. Diese individuellen Compliance-Lösungen segmentieren mein Einkaufsportfolio."

„Der operative Einkauf frisst meine Kapazitäten – für strategische Themen bleibt keine Zeit."

„Wenn wir die Komponente hier in Deutschland nicht günstiger bekommen, dann kann doch der Kunde das Teil in Eigenverantwortung beistellen. Soll der Vertrieb doch einen Preisnachlass gewähren."

„Ich bin operativer Einkäufer. Rechtsvorschriften und Normen spielen in unserem Beschaffungsprozess eine untergeordnete Rolle, da ja der Lieferant sowieso alle geltenden Regeln kennen und erfüllen muss."

Aus dem Blickwinkel der Product Compliance sind nachfolgend aufgeführte Tätigkeitsfelder des operativen Einkaufs zu analysieren:

1) Er ist eingebunden bei der Vertragsgestaltung für die Beschaffung von **Betriebsmitteln** (z. B. Maschinen) für die firmeneigene Produktion.
2) Der Händler kauft **Endprodukte** („food"- und „non food"-Produkte) vom Importeur (Einführer) oder direkt beim Hersteller ein.
3) Im Bereich der Industrie ist er verantwortlich für die Beschaffung von **Zulieferteilen**, wie elektrische, elektronische, pneumatische, hydraulische und sonstige Komponenten und Bauteile.

Zu 1): Beschaffung von Betriebsmitteln

Für viele Betriebsmittel sind entsprechende EU-Rechtsvorschriften, wie z.B. die Niederspannungs-, Maschinen-, Druckgeräte- oder ATEX-Richtlinien, anzuwenden. Solche Betriebsmittel unterliegen insofern den öffentlich-rechtlichen Gesetzen und Verordnungen in Deutschland und gelten automatisch für den Lieferanten. Somit müssten diese Vorschriften nicht explizit im Vertrag aufgeführt werden. Die Praxis zeigt aber, dass Einkäufern die CE-Kennzeichnung oft reicht und somit der Standpunkt vertreten wird, das Betriebsmittel sei in jedem Fall sicher. Es ist zwar richtig, dass der Lieferant den Rechtspflichten zur Product Compliance unterliegt und dementsprechend nur CE-konforme Betriebsmittel in Verkehr bringen darf.

Aber nicht alle Lieferanten wissen genau, was diese Rechtspflicht im Detail bedeutet. In Deutschland fordert die Betriebssicherheitsverordnung (vom 3. Februar 2015 (BGBl. I S. 49), die zuletzt durch Art. 7 des Gesetzes vom 27. Juli 2021 (BGBl. I S. 3146) geändert worden ist) für den Betreiber (Käufer des Betriebsmittels) Folgendes:

> „Der Arbeitgeber darf nur solche Arbeitsmittel zur Verfügung stellen und verwenden lassen, die den für sie geltenden Rechtsvorschriften über Sicherheit und Gesundheitsschutz entsprechen. Zu diesen Rechtsvorschriften gehören neben den Vorschriften dieser Verordnung insbesondere Rechtsvorschriften, mit denen Gemeinschaftsrichtlinien in deutsches Recht umgesetzt wurden und die für die Arbeitsmittel zum Zeitpunkt des Bereitstellens auf dem Markt gelten. Arbeitsmittel, die der Arbeitgeber für eigene Zwecke selbst hergestellt hat, müssen den grundlegenden Sicherheitsanforderungen der anzuwendenden Gemeinschaftsrichtlinien entsprechen. Den formalen Anforderungen dieser Richtlinien brauchen sie nicht zu entsprechen, es sei denn, es ist in der jeweiligen Richtlinie ausdrücklich anders bestimmt.“ (§ 5 Abs. 3 BetrSichV).“

Dies wäre als Beispiel die Maschinenverordnung (9. ProdSV) in Umsetzung der Maschinenrichtlinie 2006/42/EG. Daher empfiehlt sich, dass der Einkäufer die Erfüllung solcher Rechtsvorschriften auch im Vertrag benennt, um den Lieferanten auf diese Vorschriften hinzuweisen (falls er diese nicht kennen sollte ...). Außerdem kann im Schadensfall der Betreiber den Lieferanten vertragsrechtlich in Regress nehmen.

Wichtig ist zudem der Satz 3 dieser Vorschrift. Inzwischen fordert nicht nur die Maschinenrichtlinie für Eigenzwecke hergestellte Maschinen die CE-Kennzeichnung, sondern auch die Richtlinien für Messgeräte, ATEX und Explosivstoffe für zivile Zwecke.

Zu 2): Beschaffung von Endprodukten bei Importeuren

Ein Zwischenhändler, der häufig als Importeur die Endprodukte aus Drittstaaten einführt, oder ein Hersteller, der direkt in der EU sitzt, ist für die Product Compliance beim Inverkehrbringen verantwortlich. Insofern müsste sich der Einkäufer eines Discounters z. B. auf die CE-Kennzeichnung an Spielzeugen, Toastern, Lichterketten für den Weihnachtsbaum, Handbohrmaschinen, IT-Produkten, Warnwesten usw. verlassen können, die er von diesen Wirtschaftsakteuren bezieht. Schaut man sich das sog. „Safety Gate: the EU rapid alert system for dangerous non-food products“ (https://ec.europa.eu/safety-gate-alerts/screen/webReport) an, kann ein anderer Rückschluss gezogen werden.

Das Safety Gate ist das Schnellwarnsystem der EU für alle gefährlichen Verbraucherprodukte, mit Ausnahme von Nahrungs- und Arzneimitteln sowie medizinischen Geräten. Es erlaubt einen schnellen Informationsaustausch zwischen den Mitgliedstaaten und der EU-Kommission über die Maßnahmen, die zur Vermeidung oder Einschränkung der Vermarktung oder Verwendung von Produkten, die eine ernste Gefahr für die Gesundheit und Sicherheit der Verbraucher darstellen, getroffen wurden. Erfasst werden sowohl Maßnahmen der einzelstaatlichen Behörden als auch freiwillige Maßnahmen der Hersteller und Händler.

Jeden Freitag veröffentlicht die EU-Kommission eine Übersicht über gefährliche Produkte, die ihr von den einzelstaatlichen Behörden gemeldet wurden. In dieser wöchentlichen Übersicht sind alle Informationen über das Produkt, die von ihm ausgehende Gefahr und die Maßnahmen zusammengefasst, die in dem betreffenden Land ergriffen wurden.

Fakt ist jedenfalls, dass das öffentliche Recht mehrere rechtsunterworfene Wirtschaftsakteure kennt. Insofern ist das Inverkehrbringen nicht bereits bei der ersten Übergabe vom Hersteller an den Zwischenhändler abgeschlossen (vgl. Randnotizen 26 bis 30 zu § 2 ProdSG in [14]). Erst wenn die Ware in den Besitz des Endnutzers übergeht, ist das Inverkehrbringen abgeschlossen, und es folgen die Inbetriebnahme und der Betrieb. In der Rechtssprache wird das als Wechsel der Sachherrschaft bezeichnet. Entscheidend ist demnach der rein tatsächliche (faktische) Vorgang des Sachherrschaftswechsels und nicht der zivilrechtliche Begriff des Eigentums nach § 903 BGB.

Im Produktsicherheitsgesetz wurde deshalb die zweigeteilte Definition des Begriffes Inverkehrbringen (siehe § 2 Nr. 4 „Bereitstellung auf dem Markt“ und Nr. 15 „Inverkehrbringen“ ProdSG) aus dem Beschluss 768/2008/EG übernommen, um die **Verantwortlichkeiten** auf die Einführer (Importeure) und Händler (Vertreiber) zu erweitern. Die nachfolgend beschriebenen Verantwortlichkeiten werden in zukünftig zu erlassene EU-Harmonisierungsrechtsvorschriften integriert (zu sehen an der Spielzeugrichtlinie 2009/48/EG oder der RoHS-Richtlinie 2011/65/EU). Außerdem gibt es ein Paket von 8 EU-Richtlinien, die nachträglich an den Beschluss 768/2008/EG angepasst wurden (z.B. die Richtlinien 2014/30/EU „EMV", 2014/35/EU „Niederspannung", siehe Tabelle 7).

Verpflichtungen der Einführer (siehe Anhang I, Artikel R4, Beschluss 768/2008/EG):

> „(1) Einführer bringen nur konforme Produkte in der Gemeinschaft in Verkehr.
>
> (2) [...] gewährleisten die Einführer, dass das betreffende Konformitätsbewertungsverfahren vom Hersteller durchgeführt wurde. [...] Ist ein Einführer der Auffassung oder hat er Grund zu der Annahme, dass ein Produkt nicht mit [...] übereinstimmt, darf er dieses Produkt nicht in Verkehr bringen, bevor die Konformität des Produkts hergestellt ist. [...]
>
> (3) Die Einführer geben ihren Namen, ihren eingetragenen Handelsnamen oder ihre eingetragene Handelsmarke und ihre Kontaktanschrift auf dem Produkt selbst oder, wenn dies nicht möglich ist, auf der Verpackung oder in den dem Produkt beigefügten Unterlagen an.
>
> (4) Die Einführer gewährleisten, dass dem Produkt die Gebrauchsanleitung und die Sicherheitsinformationen beigefügt sind, die in einer Sprache, die von den Verbrauchern und sonstigen Endbenutzern leicht verstanden werden kann, gemäß der Entscheidung des betreffenden Mitgliedstaats zur Verfügung gestellt wird.
>
> (5) Solange sich ein Produkt in ihrer Verantwortung befindet, gewährleisten die Einführer, dass die Lagerungs- oder Transportbedingungen die Übereinstimmung des Produkts mit den Anforderungen von [Verweis auf den betreffenden Teil des Rechtsakts] nicht beeinträchtigen.
>
> (6) Sofern sie dies angesichts der von einem Produkt ausgehenden Gefahren für angemessen halten, führen die Einführer zum Schutz der Gesundheit und der Sicherheit der Verbraucher Stichproben bei den in Verkehr gebrachten Produkten durch, prüfen die Beschwerden und führen gegebenenfalls ein Register der Beschwerden, der nicht konformen Produkte und der Rückrufaktionen und halten die Händler über diese Überwachung auf dem Laufenden.

> (7) [...] nicht den geltenden Harmonisierungsrechtsvorschriften der Gemeinschaft entspricht, ergreifen unverzüglich die erforderlichen Korrekturmaßnahmen, um die Konformität dieses Produkts herzustellen oder es gegebenenfalls zurückzunehmen und zurückzurufen. [...]
>
> (8) Die Einführer halten [über einen zum Lebenszyklus des Produkts und zur Schwere der Gefährdungen verhältnismäßigen Zeitraum] eine Abschrift der EU-Konformitätserklärung für die Marktüberwachungsbehörden bereit und sorgen dafür, dass sie ihnen die technischen Unterlagen auf Verlangen vorlegen können.
>
> (9) Die Einführer händigen der zuständigen nationalen Behörde auf deren begründetes Verlangen alle Informationen und Unterlagen [...], aus, [...].“

Verpflichtungen der Händler (siehe Anhang I, Artikel R5, Beschluss 768/2008/EG):

> „(1) Händler berücksichtigen die geltenden Anforderungen mit der gebührenden Sorgfalt, wenn sie ein Produkt in Verkehr bringen.
>
> (2) Bevor sie ein Produkt auf dem Markt bereitstellen, überprüfen die Händler, ob das Produkt mit der/den erforderlichen Konformitätskennzeichnung/-en versehen ist, ob ihm die Gebrauchsanleitung und die Sicherheitsinformationen in einer Sprache beigefügt sind, die von den Verbrauchern und sonstigen Endverwendern in dem Mitgliedstaat, in dem das Produkt auf dem Markt bereitgestellt werden soll, leicht verstanden werden kann, und ob der Hersteller und der Einführer die Anforderungen von Artikel [R2 Absätze 5 und 6] sowie von [Artikel R4 Absatz 3] erfüllt haben. [...] dass ein Produkt nicht mit [...] übereinstimmt, stellt er dieses Produkt erst auf dem Markt bereit, nachdem er es mit den geltenden Anforderungen in Einklang gebracht hat. [...] Wenn mit dem Produkt eine Gefahr verbunden ist, unterrichtet der Händler außerdem den Hersteller oder den Einführer sowie die Marktüberwachungsbehörden darüber
>
> (3) Solange sich ein Produkt in ihrer Verantwortung befindet, gewährleisten die Händler, dass die Lagerungs- oder Transportbedingungen die Übereinstimmung des Produkts mit den geltenden Anforderungen von [...] nicht beeinträchtigen.

> (4) Händler, die der Auffassung sind oder Grund zu der Annahme haben, dass ein von ihnen auf dem Markt bereitgestelltes Produkt nicht den geltenden Harmonisierungsrechtsvorschriften der Gemeinschaft entspricht, stellen sicher, dass die erforderlichen Korrekturmaßnahmen ergriffen werden, um die Konformität dieses Produkts herzustellen, es gegebenenfalls zurückzunehmen oder zurückzurufen. [...]
>
> (5) Die Händler händigen der zuständigen nationalen Behörde auf deren begründetes Verlangen alle Informationen und Unterlagen aus, die für den Nachweis der Konformität eines Produkts erforderlich sind. Sie kooperieren mit dieser Behörde auf deren Verlangen bei allen Maßnahmen zur Abwendung von Gefahren, die mit Produkten verbunden sind, die sie auf dem Markt bereitgestellt haben.“

Mit diesen nun klargestellten Verpflichtungen müssen auch Einführer und Händler ein entsprechendes **Product Compliance Management** implementieren und über das erforderliche Wissen über die relevanten Rechtsvorschriften und Normen verfügen.

Zu 3): Beschaffung von Zulieferteilen

Bestimmte Bauteile unterliegen ebenfalls entsprechenden Rechtsvorschriften. So unterliegen z. B. Netztransformatoren oder Motoren mit Spannungen $> 50\ V_{AC}$ bzw. $> 75\ V_{DC}$ der Niederspannungsverordnung (1. ProdSV) und müssen demnach mit der CE-Kennzeichnung versehen sein. Bei elektronischen Baugruppen, die zwar Störungen verursachen könnten, die aber im Vertriebskanal nicht vom Endnutzer, sondern von einem Systemintegrator in der Veredelungskette verbaut werden, müssen die EMV-Anforderungen vom Einkäufer vertragsrechtlich vereinbart werden.

Solche Komponenten unterliegen nicht dem EMV-Gesetz. Unvollständige Maschinen im Sinne der Maschinenverordnung (9. ProdSV) müssen seit dem 29.12.2009 im Lieferumfang eine Einbauerklärung und eine Montageanleitung enthalten. Allerdings ist eine CE-Kennzeichnung im Zusammenhang mit der Maschinenverordnung verboten. Es gibt demnach Situationen, wo Bauteile oder Baugruppen keinen öffentlich-rechtlichen Vorschriften zum Inverkehrbringen unterliegen. Hier greifen ausschließlich die Vorschriften des Produkt- und Produzentenhaftungsrechts zum Thema „Zulieferpflichten“.

Die drei Beispiele verdeutlichen, dass im Einkauf Grundkenntnisse zur Product Compliance vorliegen müssen, um auf Augenhöhe mit den Lieferanten verhandeln zu können und um verkehrssichere Waren geliefert zu bekommen. Es wird erkennbar, dass der Einkauf eng mit dem Qualitätsmanagement, der

Entwicklung und Konstruktion sowie dem betriebsinternen Arbeitsschutz die Lastenhefte bzw. Einkaufsbedingungen hinsichtlich der Produkt Compliance-Anforderungen festlegen sollte. Z. B. können grundsätzlich Prüfnachweise vertragsrechtlich eingefordert werden, da aus einer CE-Kennzeichnung zunächst keine Aussage über eine eventuell erfolgte Prüfung abzuleiten ist. Lassen Lieferantenaussagen, -dokumente und sonstige Informationen Zweifel an der Product Compliance aufkommen, muss vom Einkäufer eine Rückkopplung zu den genannten Abteilungen erfolgen. Im Zweifelsfall ist von der Beschaffung und der Bereitstellung auf dem Markt bzw. der Inbetriebnahme abzusehen.

Im Zusammenhang mit Product Compliance unterliegen die **Einkäufer** Irrtümern und Missverständnissen [31], die beispielhaft im Folgenden erläutert werden:

Statement: „Wir haben mit unseren Zulieferern wasserdichte Qualitätssicherungsvereinbarungen (QSV) und können etwaige Sicherheitsrisiken von Zulieferteilen daher ausschließen."

Irrtum! Unabhängig von QSVs haftet der Endprodukteehersteller für sein Endprodukt und die verbauten Komponenten. Er kann dem Geschädigten keine Einwendungen aus dem internen Vertrag entgegenhalten.

Statement: „Wir importieren lediglich und verlassen uns auf die Angaben unseres Partners in Singapur. Auf Basis der technischen Unterlagen erklären wir die Konformität und bringen die CE-Kennzeichnung an. Zusätzliche Prüfungen oder etwaige GS-Zulassungen halten wir für übertrieben. Sie reduzieren nur unsere Handelsmarge."

Irrtum! Für die rechtskonforme Einfuhr von Waren und Wirtschaftsgütern aus Drittstaaten ist der Importeur (Einführer) verantwortlich. Sitzt der Hersteller in einem Drittstaat (außerhalb der EU), ist der Importeur oder ein Bevollmächtigter mit Sitz in der EU verantwortlich dafür, dass die CE-Kennzeichnung angebracht, die Konformitätserklärung ausgestellt wurde, das Produkt die gebotene Sicherheit bietet und die technischen Unterlagen für die Marktüberwachungsbehörden bereitgehalten werden.

6.2 Fallbeispiele

BEISPIEL 1: Beschaffung einer CE-gekennzeichneten Maschine

Was war geschehen?

Der operative Einkäufer machte dem Geschäftsführer eines Maschinenlieferanten (Kleinst-KMU mit 35 Mitarbeitern) klar, dass er diesen Auftrag nur bekommt, wenn er im Preis 18 % nachlässt. Der Geschäftsführer war durch die aktuelle Finanzkrise auf jeden Auftrag angewiesen und unterschrieb den Auftrag. Aufgrund des Kosten- und Zeitdrucks wurde von dem Maschinenlieferanten keine Risikobeurteilung durchgeführt. Im Vertrag wurde keine gesonderte Prüfung auf CE-Konformität vereinbart. Es wurden dadurch einige wesentliche Risiken übersehen und somit auch nicht konstruktiv beseitigt. Eine Wareneingangskontrolle wurde vom operativen Einkäufer nicht veranlasst, und selbst die konzerneigene Qualitätssicherung fühlte sich für die Maschinenbeschaffung nicht verantwortlich. Auch der Produktionsleiter sowie der Arbeitsschutzbeauftragte wurden nicht aktiv.

Konsequenz aus Missachtung der Verantwortung

Bei einem meldepflichtigen Arbeitsunfall mit Todesfolge stellte sich heraus, dass die gelieferte Maschine nicht dem Anhang I der Maschinenrichtlinie entsprach und somit die CE-Kennzeichnung vom Maschinenlieferanten rechtswidrig angebracht wurde. Eine Kontrolle gemäß § 5 (3) BetrSichV fand beim Betreiber (Maschinenkäufer) leider auch nicht statt, obwohl die Sicherheitsmängel offensichtlich waren, und auch eine deutschsprachige Bedienungsanleitung fehlte. Die Staatsanwaltschaft nahm die Ermittlungen auf. Hiervon betroffen waren auf der Betreiberseite sowohl der Geschäftsführer als auch der Einkaufsleiter, der Produktionsleiter und der Leiter Arbeitssicherheit. Aufgrund eines Informationsaustauschs leitete die Marktüberwachungsbehörde ebenfalls eine Untersuchung gegen den Maschinenbauer ein, der die EU-Richtlinie 2006/42/EG nicht erfüllt hatte.

Verantwortungsgerechtes Handeln

Der Einkäufer hätte in Zusammenarbeit mit den handelnden Personen aus der Qualitätssicherung, Konstruktion, Arbeitssicherheit und Produktion ein entsprechendes Lastenheft formulieren sollen, in dem dezidiert darauf hingewiesen wird, dass nur CE-konforme Maschinen zu liefern sind. Legen Sie in Ihrem Unternehmen fest, dass schon bei der Bestellung und Beschaffung von Anlagen, Maschinen, Geräten, Arbeitsmitteln, persönlichen Schutzausrüstungen und Vorprodukten wie auch bei der Vergabe von Aufträgen die

Lieferanten verbindlich auf die Einhaltung der einschlägigen Arbeitsschutzvorschriften verpflichtet werden. Regeln Sie, dass bei der Beschaffung und bei der Auftragsvergabe an Fremd- und Servicefirmen das Fachpersonal für den Arbeitsschutz und die jeweiligen Führungskräfte, erforderlichenfalls auch die betroffenen Beschäftigten oder der Betriebsrat, beteiligt werden. Diese ermitteln im Zusammenwirken die Anforderungen, die an Anlagen, Maschinen, Geräte und Vorprodukte sowie an die Fremd- und Servicefirmen auf der Grundlage der gesetzlichen Arbeitsschutzvorschriften und anderer Vorgaben zu stellen sind, und legen sie im Einzelnen fest. Diese Anforderungen sind für den Einkauf und für die Auftragsvergabe verbindlich und im Rahmen der Beschaffung konsequent umzusetzen. Dies gilt nicht für die reine Ersatzbeschaffung, soweit damit keine Änderungen verbunden und keine zusätzlichen Anforderungen zu erfüllen sind.

Im Rahmen der Wareneingangskontrolle (vgl. Kapitel 8) ist zu prüfen, ob die bei der Auftragsvergabe festgelegten Vorgaben eingehalten wurden. Die Überprüfung und dabei ggf. festgestellte Mängel sind zu dokumentieren, erforderliche Maßnahmen sind zu veranlassen. Legen Sie fest, dass beschaffte Anlagen, Maschinen, Geräte oder Vorprodukte, durch die neue Gefährdungen für die Beschäftigten entstehen könnten, vor der erstmaligen Verwendung einer Gefährdungsanalyse unterzogen werden.

BEISPIEL 2: Beschaffung beim Importeur

Was war geschehen?

Der zentrale Einkäufer eines Händlers kaufte im Mai 2013 bei einem Zwischenhändler Haushaltsgeräte ein. Diese Haushaltsgeräte wurden von dem Zwischenhändler aus Fernost eingeführt. Obwohl diese Verbraucherprodukte von dem asiatischen Hersteller mit der CE-Kennzeichnung versehen worden sind, entsprachen diese Haushaltsgeräte nicht den Sicherheitsvorschriften des § 3 Abs. 1 ProdSG sowie den einschlägigen Normen (DIN EN 60335-1 in Verbindung mit den jeweils relevanten Teilen der DIN EN 60335-2). Der Zwischenhändler hat sich in „gutem Glauben" auf das CE-Kennzeichen verlassen und diese Verbraucherprodukte in den Europäischen Wirtschaftsraum erstmalig eingeführt. Insofern „wäre" der Discounter eigentlich „aus dem Schneider", da die Ware bereits von dem Importeur erstmalig in den Verkehr gebracht wurde. Das Produktsicherheitsgesetz sieht allerdings vor, dass sich entsprechende behördlich anzuordnende

Maßnahmen auch gegen den Händler richten können, wenn von den Produkten z. B. ein ernstes Risiko für den Benutzer darstellt (vgl. § 6 Abs. 5 ProdSG). Auch der Händler darf nur sichere Produkte auf dem Markt bereitstellen. Auch der Fulfilment-Dienstleister hat dazu beizutragen, dass nur sichere Verbraucherprodukte an die Verbraucherin oder den Verbraucher gelangen. Er darf insbesondere kein Verbraucherprodukt weitergeben, von dem er weiß oder aufgrund der ihm vorliegenden Informationen oder seiner Erfahrung wissen muss, dass es nicht den Anforderungen nach § 3 ProdSG entspricht (§ 6 Abs. 6 ProdSG).

Durch den Rechtsbegriff „Bereitstellung auf dem Markt“ in § 3 Abs. 1 und 2 des Produktsicherheitsgesetzes sind in der Lieferkette auch die Händler angesprochen (siehe Tabelle 3).

Konsequenz aus Missachtung der Verantwortung

Durch die Verordnung (EU) 2019/1020 sind seit dem 16. 07. 2021 die Marktüberwachungsbehörden aufgefordert, entsprechende Marktüberwachungsmaßnahmen durchzuführen. Ein Regierungspräsidium führte im vorliegenden Fall daraufhin Schwerpunktaktionen bei Discountern im Bereich Haushaltsgeräte durch und veranlasste im Dezember 2021 entsprechende Sicherheitsüberprüfungen. Auf Basis von § 6 Abs. 5 ProdSG sprach die zuständige Behörde ein Vertriebsverbot wegen schwerwiegender Sicherheitsmängel sowie einer nicht in deutscher Sprache verfassten Bedienungsanleitung gegenüber einem Händler aus. Der eigentliche Importeur wurde von der Marktüberwachungsbehörde ebenfalls mit einem Vertriebsverbot belegt.

Verantwortungsgerechtes Handeln

Der zentrale Einkauf des Discounters sollte gezielte Maßnahmen ergreifen, um zu überprüfen, ob die Zulieferer (i. d. R. ein Zwischenhändler, der häufig die Ware aus „Drittstaaten“ einführt, oder auch ein Hersteller, der innerhalb des EWR sitzt) verkehrssichere Produkte liefern. Diese müssen den einschlägigen Vorschriften zur Product Compliance entsprechen. Diese Vorgaben sollten mittels entsprechender Einkaufsbedingungen konkret benannt werden. Zur Minimierung entsprechender Risiken ist ein besonderes Augenmerk auf Lieferantenauswahl und -bewertung sowie Stichproben und Wareneingangskontrollen etc. zu legen (siehe auch Kapitel 8). Dringend geboten ist, dass bei unklaren oder unvollständigen Informationen des Zulieferers oder bei Kenntnis von Produktsicherheitsmängeln ein Abverkauf im eigenen Interesse ausgesetzt werden sollte.

6.3 Hinweise zur rechtskonformen Durchführung

Im Folgenden werden praktische Hinweise gegeben, die dem Teilprozessverantwortlichen des Einkaufs eine Hilfestellung zur Umsetzung seiner Rechtspflichten bieten.

- Für die Beschaffung von Arbeitsmitteln sind in Lastenheften konkrete Norm- und Rechtsanforderungen anzugeben (Allgemeinklauseln sind wenig hilfreich). Dadurch wird eine „Kompetenzüberprüfung" des Lieferanten durchgeführt.
- Die Übergabe von Konformitätserklärungen und Prüfberichten ist vertragsrechtlich einzufordern. Diese Dokumente sind auf Plausibilität, Normenaktualität und Vollständigkeit zu evaluieren.
- Händler sollten entsprechende Lieferantenaudits durchführen. Insbesondere sind die Kenntnisse zur Product Compliance beim Zwischenhändler und Einführer zu evaluieren.
- Die Lieferanten sind bzgl. Qualität zu beobachten, zu bewerten, zu registrieren. Ggf. sind Lieferanten auszuschließen („Blacklist"), sofern regelmäßig Auffälligkeiten zur „Non Product Compliance" auftreten. Der operative Einkauf hat deshalb eine Schnittstellenfunktion zur hausinternen QS-Abteilung, ggf. der zentralen Stelle „Product Compliance", dem Arbeitsschutz sowie der Produktentwicklung.
- Der Einkauf kann mit wichtigen Lieferanten Qualitätsvereinbarungen (z.B. Preferred Supplier Agreements) treffen und die Qualität mittels abgestimmter Kennzahlen überwachen.
- Gemäß der Rechtsprechung zu § 823 Abs. 1 BGB muss sich der Endproduktehersteller von der Zuverlässigkeit und Gewissenhaftigkeit von Zulieferern überzeugen, die an der Herstellung eines Endproduktes beteiligt sind. Hierzu gehört u.a. auch eine Wareneingangskontrolle (vgl. Kapitel 8). Der Einkäufer muss sich regelmäßig bei seinen Kollegen aus der Produktentwicklung und der Qualitätssicherung zu allen Product-Compliance-relevanten Fragen rückversichern, z.B. wenn neue Lieferanten als „second source" einführt werden sollen oder Lieferanten gewechselt werden müssen.
- Die Ansprechpartner im operativen Einkauf sind hinsichtlich der Basiskenntnisse zur Product Compliance zu schulen.

7 Die Verantwortung der Produktion

7.1 Rolle im Rahmen der Konformitätsverantwortung

Aussagen der Produktion

„Um die CE-Kennzeichnung kümmern sich Qualitätsmanagement und Konstruktion – ich habe Produktionszielvorgaben und mache Umsatz."

„In den Entwicklungsrunden und auch im Design Review wird zwar über Product Compliance geredet. Aber ich kann beim besten Willen nicht erkennen, was die Produktion damit zu tun hat."

„Bei Kapazitätsengpässen stelle ich Leihkräfte ein. Für die fachgerechte Einweisung bleibt keine Zeit. Es kann schon einmal vorkommen, dass ein Mechaniker dann die Verdrahtung übernimmt."

„Ich bin zwar für das Prüffeld verantwortlich, aber die speziellen Anforderungen kennt in meinem Bereich niemand. Eine Elektrofachkraft bilde ich nicht aus."

„Der Einkauf besorgt ständig die billigsten Teile, die sich nicht richtig montieren lassen. Aber das will ja keiner hören."

„Die Konstruktion macht in Wirklichkeit die Fertigung. Was auf den Zeichnungen steht, ist nicht produzierbar. Wir ändern das ganz pragmatisch."

Beim Übergang vom Entwicklungsprozess zum Herstellungsprozess können Fabrikationsfehler entstehen. Hierbei weist das Produkt nicht das Sicherheitsniveau auf, welches bei ordnungsgemäßer Umsetzung der (eigentlich fehlerfreien) Entwicklung bzw. Konstruktion erreicht worden wäre. Das Bestreben muss also sein, diesen Übergang so zu organisieren, dass Fabrikationsfehler vermieden werden [17].

Die ordnungsgemäße Fabrikation sicherer Produkte stellt eine der Verkehrssicherungspflichten im Zusammenhang mit § 823 Abs. 1 BGB dar. Beim Fabrikationsfehler [18] weisen einzelne Produkte einer bestimmten Charge oder eine gesamte Charge denselben Fehler auf. Die Vermeidung von Fabrikationsfehlern ist deshalb vorrangig eine Aufgabe der unternehmensinternen Qualitätssicherung (siehe Kapitel 8). Der Konstruktionsfehler [18] bezieht sich im Unterschied zum Fabrikationsfehler auf die gesamte Produktlinie, unabhängig von einzelnen Chargen, und weist denselben Fehler auf. Dieser Fehler ist also im technischen Design, der gesamten Produktentwicklung und -konzeption zu suchen. An dieser Stelle ist auch der Einkauf zu nennen (siehe Kapitel 6). Werden unsichere Teile verbaut und führt dies zu einem Sicherheitsproblem im Endprodukt, haftet zunächst nach außen der Endprodukthersteller. Demzufolge sind ebenso der technische Einkauf sowie die Entwicklungsabteilung (siehe Kapitel 4) verantwortlich, bereits in der Konzeptphase nicht nur den Preis zu optimieren, sondern auch die Product Compliance von zu verbauenden Komponenten sicherzustellen. Die Entwicklungsabteilung muss für den Herstellungsprozess klare und eindeutige Produktionsvorgaben (Zeichnungen, mit Änderungsindex) erstellen. Sind diese unklar oder bieten diese einen Spielraum zur Interpretation, muss eine Rückkopplung zur Entwicklung erfolgen, um einen möglichen Fabrikationsfehler zu vermeiden. Das Gleiche gilt, wenn die Produktion Konstruktionsänderungen vorschlägt, die in den Zeichnungen aktualisiert werden sollten.

Auch in den einschlägigen Harmonisierungsrechtsvorschriften wird das Thema „Herstellung“ rechtstechnisch adressiert.

BEISPIEL Niederspannungsrichtlinie 2014/35/EU

„Elektrische Betriebsmittel dürfen nur dann auf dem Unionsmarkt bereitgestellt werden, wenn sie – entsprechend dem in der Union geltenden Stand der Sicherheitstechnik – so hergestellt sind, dass sie bei einer ordnungsgemäßen Installation und Wartung sowie einer bestimmungsgemäßen Verwendung die Gesundheit und Sicherheit von Menschen und Haus- und Nutztieren sowie Güter nicht gefährden.“

Dementsprechend müssen Qualitätskontrollen (vgl. auch Kapitel 8) durchgeführt werden. Im Zusammenhang mit den Harmonisierungsrechtsvorschriften zur CE-Kennzeichnung (wie z.B. obige Niederspannungsrichtlinie) wird diese Herstellerverantwortung mit dem Begriff „interne Fertigungskontrolle“ bezeichnet. Es besteht dagegen grundsätzlich keine Rechtsverpflichtung, technische Einrichtungen zur Produktionssteuerung zu verwenden.

Selbstverständlich sind auch bei der Fabrikation der einzelnen Produkte alle Arbeiten so auszuführen, wie es entsprechend dem jeweiligen Stand der Entwicklung und Konstruktion zur Gewährleistung der erforderlichen Product Compliance nötig ist. Der Hersteller (d.h. der Produktionsverantwortliche) muss dafür sorgen, dass der Sicherheitsgrad erreicht wird, den die in dem entsprechenden Bereich herrschende Verkehrsauffassung für erforderlich hält (Rechtsprechung des BGH).

Soweit es dem Hersteller zumutbar ist, muss er absolute Fehlerfreiheit anstreben. Eine besondere Haftungseinschränkung gilt für sogenannte Ausreißer [16]:

Dies sind Fabrikationsfehler, die trotz aller zumutbaren Vorkehrungen unvermeidbar sind. Dasselbe gilt für Produktschäden, die auf Fehlern zugelieferter Teile beruhen, die trotz der gebotenen und durchgeführten Kontrollen nicht erkennbar waren. Für solche Ausreißer haftet der Hersteller und damit auch dessen Organe, Vertreter und leitende Mitarbeiter nach den deliktsrechtlichen (verschuldensabhängigen) Normen des § 823 Abs. 1 und 2 BGB mangels Verschulden nicht.

Nach § 1 ProdHaftG in Verbindung mit §§ 3 und 4 ProdHaftG haftet der Hersteller auch für Ausreißer.

Es wird deutlich, dass es einen Unterschied zwischen der verschuldensabhängigen Haftung nach § 823 BGB und der verschuldensunabhängigen (reinen Gefährdungshaftung) nach dem Produkthaftungsgesetz (ProdHaftG) gibt. Für einen Schadensersatzanspruch gemäß dem Produkthaftungsgesetz ist eben die Verschuldensfrage irrelevant.

Realistisch betrachtet kann es auch in der Herstellungsphase keine absolute Sicherheit geben. Hiervon geht auch die Rechtsprechung des BGH aus. Ihr zufolge hat allerdings der Hersteller zu beweisen, dass es sich bei dem schadhaften Produkt um einen trotz bester Kontrollen immer wieder einmal vorkommenden Ausreißer handelt (BGH NJW 1975, 1827, 1829 – Spannkupplung, siehe auch [31]).

Grundvoraussetzung der anzustrebenden hohen Fabrikationsqualität ist, dass sichere Produktionsanlagen eingesetzt und betrieben werden. Diese Arbeitsmittel müssen ihrerseits dem neuesten Stand von Wissenschaft und Technik entsprechen. Arbeitsmittel dürfen Arbeitnehmern nur überlassen werden, wenn diese den einschlägigen EU-Rechtsvorschriften entsprechen (siehe § 5 Abs. 1 bis 3 Betriebssicherheitsverordnung). Dies wären z. B. die Maschinenrichtlinie oder die Niederspannungsrichtlinie. An dieser Stelle sei besonders darauf hingewiesen, dass ein firmeninterner Betriebsmittelbau ebenfalls die Product-Compliance-Anforderungen zu berücksichtigen hat. Namentlich wird hier insbesondere auf Art. 2 lit. i) („Herstellerdefinition“) der Maschinenrichtlinie 2006/42/EG hingewiesen. Wer Maschinen für den Eigengebrauch herstellt, gilt auch als Hersteller und unterliegt vollumfänglich der Maschinenrichtlinie inklusive der CE-Kennzeichnungspflicht, der Dokumentationspflicht, der Pflicht zur Risikobeurteilung und bei Normenanwendung auch den Anforderungen zum Regelmanagement. Daneben gibt es inzwischen weitere Harmonisierungsrechtsvorschriften, die ähnliche Vorschriften haben (z. B. ATEX und für Messgeräte).

Im Zusammenhang mit Product Compliance unterliegen Produktionsleiter Irrtümern und Missverständnissen [31], die beispielhaft im Folgenden erläutert werden:

Statement: „Wir beachten alle branchenüblichen Vorschriften, produzieren normenkonform nach den anerkannten Regeln der Technik und brauchen uns daher keine Sorgen zu machen."

Irrtum! Selbstverständlich sind bei der Herstellung eines Produkts die einschlägigen Rechtsvorschriften zu beachten. Dabei stellt die Produkthaftung (im Unterschied zur Produzentenhaftung) ausschließlich auf die Fehlerfreiheit des Produkts ab und nimmt keine Rücksicht auf dessen Konformität mit technischen Normen.

Statement: „Wir haben sehr viel in unsere Qualitätssicherung investiert und sind gemäß DIN EN ISO 9001 zertifiziert. Ein Produktsicherheitsproblem in der Produktion halten wir für ausgeschlossen und sehen keinen weiteren Bedarf, in ein Risikomanagementsystem zu investieren."

Irrtum! Die Produkthaftung nimmt als Kausalhaftung keine Rücksicht auf die Sorgfalt des Herstellers. Im Prinzip müssen „Nullfehlerprodukte" produziert werden.

Statement: „Wir bauen selbst Maschinen für unsere Produktion. Allerdings bieten wir diese nicht am Markt an und somit unterliegen wir nicht den CE-Vorschriften."

Irrtum! Die Maschinenrichtlinie stellt die Herstellung von Maschinen für den Eigengebrauch dem Inverkehrbringen gleich. Somit unterliegt der firmeninterne Betriebsmittelbau vollumfänglich der Maschinenrichtlinie mit allen damit verbundenen Rechtspflichten.

7.2 Fallbeispiel

Beschäftigung von Leiharbeitskräften

Was war geschehen?

Aufgrund eines Anstiegs im Auftragseingang wurden in der Montage mehrere externe Leiharbeitskräfte eingesetzt. Eine Leihkraft wurde für die einfache Montage von mechatronischen Komponenten abgestellt. Der Leiharbeiter wurde vom Vorarbeiter eingewiesen, wie die Arbeiten an einer Komponente, die auch Verdrahtungs- und Montagearbeiten beinhalteten, korrekt ausgeführt werden sollten. Eine Überprüfung seiner Kompetenzen in Bezug auf diese Tätigkeiten erfolgte nicht. Im Rahmen einer serienbegleitenden erweiterten Prüfung wurde nach einem halben Jahr festgestellt, dass bei einzelnen Komponenten einer Tagesproduktion die Erdungsklemme nicht ordnungsgemäß montiert wurde. Es wurde weiter festgestellt, dass dieses Problem ausschließlich bei den Komponenten aufgetreten sein konnte, für die die Konstruktion vor zwei Monaten geändert wurde. Die Leiharbeitskraft hat ausbildungsbedingt die Änderung in der Zeichnung nicht erkannt. Die potenziell betroffenen 700 ausgelieferten Komponenten der zurückliegenden zwei Monate konnten aufgrund der Seriennummer eindeutig eingegrenzt werden und bei den Kunden eine ordnungsgemäße Erdung vorgenommen werden. Ein Personen- oder Sachschaden entstand nicht. Die Aktion kostete das Unternehmen jedoch ca. 50 000 €.

Konsequenz aus Missachtung der Verantwortung

Der Produktionsverantwortliche eines mittelständischen Unternehmens hätte im Schadensfall in vollem Umfang wegen einer Organisationsverletzung persönlich haftbar gemacht werden können. Die Geschäftsleitung ahndete das Vergehen jedoch im direkten Einvernehmen mit dem Produktionsverantwortlichen, indem ihm die freiwillige Bonuszahlung für das laufende Geschäftsjahr nicht ausgeschüttet wurde.

Verantwortungsgerechtes Handeln

Die Verpflichtungen, die sich aus der CE-Kennzeichnung ergeben, betreffen ebenso die operativen Bereiche in der Produktion (interne Fertigungskontrolle). Hierbei ist die zeichnungs- und damit CE-gerechte Fertigung, Montage und Prüfung sicherzustellen. Die spezifischen erforderlichen Qualifikationen – auch bei Leiharbeitskräften – sind durch den Produktionsverantwortlichen bei Personalanforderung zu benennen und vor dem Einsatz zu prüfen. Dies kann sonst im Schadensfall ein Organisationsverschulden im Sinne von § 823 Abs. 1 BGB darstellen und Schadensersatzzahlungen nach sich ziehen. Im Falle von Personenschäden wird dieses Fehlverhalten auch regelmäßig den Staatsanwalt auf den Plan rufen und strafrechtliche Ermittlungen auslösen.

7.3 Hinweise zur rechtskonformen Durchführung

Im Folgenden werden praktische Hinweise gegeben, die dem Teilprozessverantwortlichen der Produktion eine Hilfestellung zur Umsetzung seiner Rechtspflichten bieten.

- Die einzelnen Fabrikationsphasen dokumentieren (zwecks Rückverfolgbarkeit im Schadensfall). Dazu gehören auch Prüfprotokolle.
- Alle Produkte unverwechselbar kennzeichnen und Aufbewahrungsfristen für Aufzeichnungen über Tests, Qualitätsprüfungen, Kontrollen etc. festlegen.
- Qualifiziertes und geschultes Personal an Product-Compliance-relevanten Montageplätzen einsetzen. Klare schriftliche Anweisungen und Arbeitsbeschreibungen anfertigen. Umsetzung der Anweisungen kontrollieren.
- Wenn erhebliche Produktgefahren nur durch den Einsatz von technischen Geräten auszuschließen sind, müssen diese Geräte angeschafft werden.
- Durch organisatorische Maßnahmen an den Arbeitsplätzen ist dafür zu sorgen, dass während des Fabrikationsvorganges eine fehlerlose Produktion gewährleistet ist bzw. keine schädlichen Stoffe beigemischt oder zugesetzt werden.
- Prüfeinrichtungen und Kontrollverfahren sind insbesondere dort zu installieren, wo durch Produktkontrollen schadensträchtige Erzeugnisse ausgesondert werden können.
- Die Prüfeinrichtungen und Kontrollverfahren müssen dem Stand der Technik entsprechen. Prüfeinrichtungen und Messtechnik müssen dementsprechend im Zusammenhang mit der geltenden Rechtslage einen sicheren Umgang erlauben und den einschlägigen Harmonisierungsrechtsvorschriften entsprechen (Betriebssicherheitsverordnung in Deutschland, insbesondere § 5 Abs. 3 BetrSichV). Sie müssen mit gültigen Prüfplaketten (z. B. Kalibrierung) bzw. ggf. erforderlicher CE-Kennzeichnung versehen sein. Vor Übergabe an den Arbeitnehmer müssen die Arbeitsmittel dahingehend überprüft werden, ob diese den geltenden Sicherheitsanforderungen einschlägiger Rechtsvorschriften entsprechen (z. B. Maschinenrichtlinie, Niederspannungsrichtlinie).
- Die Produktion sollte aktiv in Design Reviews mitarbeiten, um so bereits im Vorfeld Einfluss auf eine fertigungs- und normgerechte Konstruktion nehmen zu können. Sie sollte auch beim Zuliefermanagement (Einkauf und Qualität) ihre Erfahrungen einfließen lassen.

8 Die Verantwortung des Qualitätsmanagements

8.1 Rolle im Rahmen der Konformitätsverantwortung

Aussagen des Qualitätsmanagements

„Es gibt keine klaren Verantwortungsabgrenzungen, wer in der Firma wirklich zuständig ist: die Fertigung, die Entwicklung oder wir als Qualitätssicherung. Wenn es Probleme gibt, schieben sich genau diese Abteilungen den schwarzen Peter hin und her."

„Wir können keine 100 %-Prüfung durchführen."

„In regelmäßigen Abständen verschicken wir E-Mails an alle Meister, in der wir auf die Maßnahmen zur Serienkonformität hinweisen. Aktiv wird die Fertigung aber meist erst kurz vor einem Audit."

„Normen zur CE-Konformität kennen wir nicht. Wir erhalten ausschließlich Normen, die für unsere Wareneingangskontrolle relevant sind."

„Der Einkauf schleppt häufig Lieferanten aus Asien an, die wir nicht einmal mehr vor Ort auditieren können. Die Qualitätskontrolle nur auf Papierbasis ist eher unzureichend und vor allem wenig glaubhaft. Die gelieferten Musterteile entsprechen außerdem kaum der späteren Serienqualität."

„Wenn unsere Firma auditiert wird, verstecken sich die Produktionsverantwortlichen meist hinter der QM. Kommen Abweichungen zutage, heißt es dann, die QM arbeitet nicht Product-Compliance-kompatibel."

„Wir ergänzen in den Zeichnungen prüfrelevante Hinweise und legen diese bei uns ab. Zeichnungsänderungen sind dann darin erst einmal nicht berücksichtigt."

Hersteller von technischen Arbeitsmitteln und Verbraucherprodukten sowie Hersteller von Zulieferteilen sind gemäß den Verkehrssicherungspflichten nach § 823 Abs. 1 BGB verpflichtet, die „geistige oder gedankliche" Produktkonzeption auch ordnungsgemäß in die Wirklichkeit umzusetzen. Es ist also eine fehlerfreie Fabrikation (Fertigung, Herstellung, Produktion) anzustreben, um Fabrikationsfehler zu vermeiden. In Kenntnis dieser Anforderung muss der Hersteller entsprechende Qualitätssicherungskontrollen während des Fabrikationsprozesses, aber auch im Anschluss an das Fertigungsverfahren und vor Auslieferung (Warenausgangskontrolle) organisieren. Auch die Wareneingangskontrolle von zugelieferten Teilen gehört zu den Aufgaben der Qualitätssicherung.

Zur Sicherung der Qualität wurde von ISO die Normenreihe ISO 9000–9004 entwickelt. Dies sind allerdings im rechtlichen Sinne keine verbindlich vorgeschriebenen Normen, sondern sie sind als Leitlinien zu verstehen. Die oberste Leitung muss in Bezug auf das Qualitätsmanagementsystem Führung und Verpflichtung zeigen, indem sie:

a) die Rechenschaftspflicht für die Wirksamkeit des Qualitätsmanagementsystems übernimmt;

b) sicherstellt, dass die Qualitätspolitik und die Qualitätsziele für das Qualitätsmanagementsystem festgelegt und mit dem Kontext und der strategischen Ausrichtung der Organisation vereinbar sind;

c) sicherstellt, dass die Anforderungen des Qualitätsmanagementsystems in die Geschäftsprozesse der Organisation integriert werden;

d) die Anwendung des prozessorientierten Ansatzes und das risikobasierte Denken fördert;

e) sicherstellt, dass die für das Qualitätsmanagementsystem erforderlichen Ressourcen zur Verfügung stehen;

f) die Bedeutung eines wirksamen Qualitätsmanagements sowie die Wichtigkeit der Erfüllung der Anforderungen des Qualitätsmanagementsystems vermittelt;

g) sicherstellt, dass das Qualitätsmanagementsystem seine beabsichtigten Ergebnisse erzielt;

h) Personen einsetzt, anleitet und unterstützt, damit diese zur Wirksamkeit des Qualitätsmanagementsystems beitragen können;

i) Verbesserung fördert;

j) andere relevante Führungskräfte unterstützt, um deren Führungsrolle in deren jeweiligen Verantwortungsbereich deutlich zu machen.

Neben den rein funktionellen Eigenschaften eines Produktes legen die öffentlich-rechtlichen Vorschriften den Qualitätsmaßstab hinsichtlich der Product Compliance fest. Dieser Maßstab wird in den einzelnen Harmonisierungsrechtsvorschriften mit dem Begriff grundlegende Anforderungen umschrieben. Zum Nachweis der Übereinstimmung mit diesen rechtlich geforderten grundlegenden Anforderungen muss der Hersteller das jeweils in den Harmonisierungsrechtsvorschriften beschriebene Konformitätsbewertungsverfahren anwenden [45]. Welches Konformitätsbewertungsverfahren zur Anwendung kommt, wird in Abhängigkeit vom Risiko in den einzelnen Harmonisierungsrechtsvorschriften festgelegt. Zur Auswahl stehen dabei sogenannte Module, die im sog. Modulbeschluss 768/2008/EG [7] festgelegt sind.

Zukünftige Harmonisierungsrechtsvorschriften werden – oder wurden bereits wie in der Spielzeugrichtlinie 2009/48/EG [8] – auf Basis der Musterbestimmungen in Anhang I des neuen Modulbeschlusses erlassen.

Die einzelnen Varianten der Nachweisverfahren werden als Module A bis H bezeichnet (siehe Tabelle 6) und sind für die Entwurfs- und Herstellungsphase ausgelegt. Das Modul A kommt ohne Einschalten einer „Drittstelle" aus und wird beispielsweise von der Niederspannungsrichtlinie, EMV-Richtlinie sowie für „Nicht-Anhang IV-Maschinen" im Bereich der Maschinenrichtlinie referenziert. Hier muss das Qualitätsmanagement sicherstellen, dass unternehmensintern entsprechende Maßnahmen getroffen werden, dass z.B. alle Geräte einer Serie EMV-konform produziert werden (vgl. Anhang II Nr. 4 der EMV-Richtlinie 2014/30/EU). Wie der Hersteller dies sicherstellt, bleibt ihm überlassen. Insofern obliegt es dem Qualitätsmanagement festzulegen, wie viele Geräte aus der Serie überprüft werden. Für bestimmte risikobehaftete Produkte wie beispielsweise Medizinprodukte der Klasse 3 kommt dagegen das Modul A nicht in Betracht.

Tabelle 6: Auswahl der Konformitätsbewertungsverfahren

Modul	Erläuterung
Modul A: Interne Fertigungskontrolle	Sieht eine interne Entwurfs- und Fertigungskontrolle vor. Dieses Modul erfordert nicht die Einschaltung einer benannten Stelle.
Modul B: EU-Baumusterprüfung	Kommt in der Produktentwurfsstufe zur Anwendung und muss durch ein Modul ergänzt werden, das eine Bewertung in der Fertigungsstufe vorsieht. Die EU-Baumusterprüfbescheinigung wird durch eine benannte Stelle ausgestellt.
Modul C: Konformität mit der Bauart auf Grundlage der internen Fertigungskontrolle	Kommt in der Fertigungsstufe zur Anwendung und folgt auf Modul B. Stellt sicher, dass das Produkt der Bauart entspricht, wie sie in der gemäß Modul B ausgestellten EU-Baumusterprüfbescheinigung beschrieben wird. Die Einschaltung einer benannten Stelle ist bei diesem Modul nicht erforderlich.
Modul D: Qualitätssicherung Produktion	Qualitätssicherungsnorm EN ISO 9001:2015-09, wobei eine benannte Stelle eingeschaltet wird, die für die Zulassung und Kontrolle des vom Hersteller festgelegten Qualitätssicherungssystems für Herstellung, Endabnahme und Prüfung verantwortlich ist.

Modul	Erläuterung
Modul E: Qualitätssicherung Produkt	Kommt in der Fertigungsstufe zur Anwendung und folgt auf Modul B. Beruht auf der Qualitätssicherungsnorm EN ISO 9001:2015-09, wobei eine benannte Stelle eingeschaltet wird, die für die Zulassung und Kontrolle des vom Hersteller festgelegten Qualitätssicherungssystems für Endabnahme und Prüfung verantwortlich ist.
Modul F: Prüfung der Produkte	Kommt in der Fertigungsstufe zur Anwendung und folgt auf Modul B. Eine benannte Stelle prüft die Konformität mit der Bauart, wie sie in der gemäß Modul B ausgestellten EU-Baumusterprüfbescheinigung beschrieben wird, und stellt eine Konformitätsbescheinigung aus.
Modul G: Einzelprüfung	Kommt in der Entwurfs- und der Fertigungsstufe zur Anwendung. Jedes Produkt wird von einer benannten Stelle untersucht, die eine Konformitätsbescheinigung ausstellt.
Modul H: Umfassende Qualitätssicherung	Kommt in der Entwurfs- und der Fertigungsstufe zur Anwendung. Beruht auf der Qualitätssicherungsnorm EN ISO 9001, wobei eine benannte Stelle eingeschaltet wird, die für die Zulassung und Kontrolle des vom Hersteller festgelegten Qualitätssicherungssystems für Entwurf, Herstellung, Endabnahme und Prüfung verantwortlich ist.

Auf jeden Fall dürfen Produkte nur dann das Werkstor verlassen (sprich: in Verkehr gebracht werden), wenn sie mit den entsprechenden Rechtsvorschriften übereinstimmen (Product Compliance). Dies gilt es, betriebsintern zu organisieren, denn es stellt eine der Verkehrssicherungspflichten dar. In diesem Zusammenhang bleibt festzuhalten, dass die Verantwortung eines Herstellers für sein Produkt nicht beendet ist, wenn das Inverkehrbringen abgeschlossen ist und der Übergang in die Betriebs- bzw. Benutzungsphase stattfindet.

Vielmehr muss der Hersteller sein Produkt auf sein Verhalten im Markt hin beobachten, ob z. B. die Produkte bestimmungsgemäß verwendet werden. Die Rechtsprechung nach § 823 Abs. 1 BGB bezeichnet dies als Produktbeobachtungspflicht. Erstaunlicherweise wird diese Pflicht im Produktsicherheitsgesetz im Zusammenhang mit einem zu implementierenden Rückrufmanagementsystem (Bild 14) nur für Verbraucherprodukte gesetzlich verbindlich vorgeschrieben. Der Hersteller, sein Bevollmächtigter oder der Einführer muss entsprechende interne Handlungsleitlinien für den Ernstfall in der „Schublade" haben.

Für technische Arbeitsmittel dagegen wird dies nicht im Rahmen der Prävention gesetzlich gefordert. Erst im Schadensfall wird diese Frage im Zusammenhang mit der deliktischen Produzentenhaftung aufgeworfen, ob mit solch einem System ein Sach- oder Personenschaden hätte vermieden werden können.

Dabei beschränkt sich die Produktbeobachtung nicht nur auf die Entgegennahme von Reklamationen der Kunden (auch als passive Produktbeobachtung bezeichnet) [20]. Vielmehr muss der Hersteller, sein Bevollmächtigter oder der Einführer auch ein Verfahren zur aktiven Produktbeobachtung implementieren, welches durch den BGH bestätigt wurde.

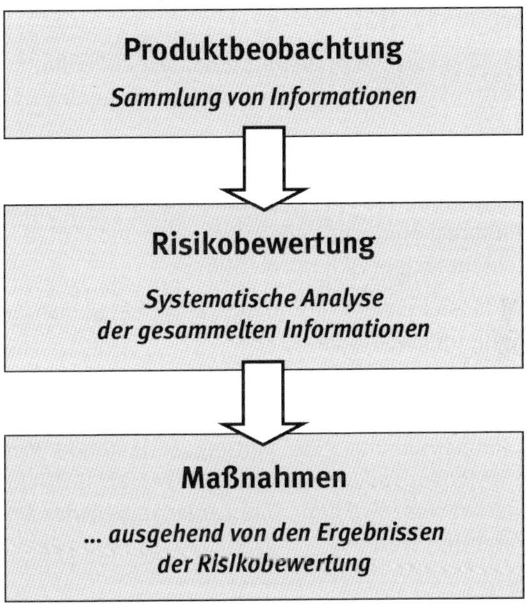

Bild 14: Rückrufmanagement

Im Zusammenhang mit Product Compliance unterliegen **QM-Verantwortliche** Irrtümern und Missverständnissen [31], die beispielhaft im Folgenden erläutert werden:

Statement: „Als QM haben wir mit unseren Zulieferern wasserdichte Qualitätssicherungsvereinbarungen (QSV) geschlossen und können etwaige Sicherheitsrisiken von Zulieferteilen daher ausschließen."

Irrtum! Unabhängig von QSVs haftet der Endproduktehersteller für sein Endprodukt und die verbauten Komponenten. Er kann dem Geschädigten keine Einwendungen aus dem „internen" Vertrag entgegenhalten.

Statement: „Für uns gilt das ‚Werkstorprinzip'. Es interessiert uns nicht, was der Kunde mit dem Produkt anstellt. Er hat es gekauft und ab der ersten Benutzung sind wir für das Produkt nicht mehr verantwortlich."

Irrtum! Der BHG hat vor einigen Jahren mit dem „Honda-Fall" ein sehr weitreichendes Urteil zum Thema Produktbeobachtung gesprochen [17]. Die Juristen sprechen hier von der aktiven und passiven Produktbeobachtung, die sich über die gesamte Produktlebensdauer erstreckt und nicht beim Inverkehrbringen aufhört [19]!

Statement: „Da wir keine Verbraucherprodukte herstellen, sparen wir uns die Implementierungskosten für ein Rückrufmanagementsystem."

Irrtum! § 823 BGB erfasst sowohl Verbraucherprodukte als auch Industrieerzeugnisse. Insofern wird auch hier die Frage nach der (hoffentlich) erfolgten Produktbeobachtung als eine der Verkehrssicherungspflichten gestellt. Es wird dementsprechend empfohlen, auch für Industrieerzeugnisse ein Rückrufmanagementsystem zu implementieren.

Statement: „Wir lassen unsere Produkte extern überprüfen und haften deshalb nicht mehr für unsere Produkte."

Irrtum! Eine externe Prüfung bei einem Prüfinstitut ist nie haftungsbefreiend, selbst wenn ein externes Prüflabor evtl. mal einen Prüffehler macht. Es ist (immerhin) nur eine haftungsentlastende Maßnahme. Hier empfiehlt sich in jedem Fall, wenigstens ein gemäß ISO/IEC 17025 akkreditiertes Prüfinstitut auszuwählen. Eine Fehlerfreiheit des Produktes kann hiermit nicht garantiert werden.

8.2 Fallbeispiel

Qualitätsmanagement beim Lieferanten

Was war geschehen?

Ein Hersteller brachte von ihm produzierte Feuerwehrstiefel zunächst aufgrund einer Baumusterprüfbescheinigung aus dem Jahr 2000 in den Verkehr. Im Jahr 2005 wurde im Auftrag eines Konkurrenten ein TÜV-Bericht zu verschiedenen Produkten erstellt. Dieser Bericht kam zu dem Ergebnis, dass die geprüften Stiefel verschiedene Sicherheitsmängel aufwiesen. Kurz darauf kündigte der Hersteller gegenüber dem Aussteller das Zertifikat aus dem Jahr 2000. Seither beantragte und erhielt der Hersteller immer wieder neue Baumusterprüfbescheinigungen in- und ausländischer Prüfstellen, die teilweise jedoch nur befristet erteilt wurden. Die gesetzlich vorgeschriebene Qualitätssicherung (gemäß damals gültiger 8. GPSGV bzw. Art. 11a der PSA-Richtlinie 89/686/EWG: Modul C gemäß Tabelle 6) ließ der Hersteller nur lückenhaft durchführen. Aufgrund immer wieder festgestellter Sicherheitsmängel drohten verschiedene Prüfstellen damit, von ihnen ausgestellte Zertifikate zu suspendieren. Schließlich untersagte die zuständige Behörde dem Hersteller 2008 per Untersagungsverfügung das weitere Inverkehrbringen (Vertriebsverbot aufgrund des damals gültigen § 8 Abs. 4 Satz 2 Nr. 6 GPSG) von Feuerwehrstiefeln bis zur Vorlage einer neuen Baumusterprüfung und mangelfreier Durchführung einer Qualitätssicherung. Zudem gab sie dem Hersteller auf, sämtliche Erwerber von Feuerwehrstiefeln über die festgestellten Mängel zu informieren.

Nach Erhebung einer Klage gegen die Untersagungsverfügung legte der Hersteller eine neue Baumusterprüfung sowie die Bestätigung einer Qualitätssicherung durch eine ausländische Prüfstelle vor. Zudem vertrat der Hersteller die Auffassung, die Untersagungsverfügung sei unverhältnismäßig und vernichte seine Existenz. Die beklagte Behörde trat dem unter Hinweis auf die Vielzahl von Gutachten entgegen, die zum Teil erhebliche Sicherheitsmängel der Feuerwehrstiefel belegten. Zudem bestand aus Sicht der Behörde der Verdacht, dass der Hersteller zu Prüfzwecken hochwertiger produziert oder Prüfstücke besonders präpariert habe.

Konsequenz aus Missachtung der Verantwortung

Das Verwaltungsgericht bestätigte die Rechtmäßigkeit der angefochtenen Untersagungsverfügung. Das Inverkehrbringen von Produkten und technischen Arbeitsmitteln könne untersagt werden, wenn begründete Anhaltspunkte vorlägen, die gegen deren Sicherheit sprächen. Bei den Feuerwehrstiefeln handele es sich um technische Arbeitsmittel, welche als Teil der persönlichen Schutzausrüstung im Gefahrenfall besonders hohen Anforderungen unterlägen. Hinreichende Verdachtsmomente für die Untersagung des weiteren Vertriebs waren gegeben, nachdem durch verschiedene Gutachten hinsichtlich mehrerer Parameter immer wieder Normabweichungen festgestellt worden sind. Zudem belegte eine Baumusterprüfung nur, dass das geprüfte Baumuster den einschlägigen Normen entsprach. In jedem Fall ist ergänzend eine Qualitätssicherung erforderlich, die belegt, dass auch die Ergebnisse des Produktionsprozesses mit den einschlägigen Normen übereinstimmen.

Verantwortungsgerechtes Handeln

Die Entscheidung setzt die gesetzlichen Vorgaben konsequent um. Die Vielzahl von Gutachten, welche im Auftrag von Konkurrenzunternehmen vorgelegt wurden, ist ein Beleg dafür, dass die öffentlich-rechtlichen Vorgaben zunehmend für Wettbewerbszwecke (Konkurrenzverfolgung) genutzt werden. Auch der Zulässigkeit einer Untersagungsverfügung (Vertriebsverbot) trotz Vorliegens einer Baumusterprüfung nebst Qualitätssicherung ist in diesem Fall zu folgen. Dadurch werden Baumusterprüfung und Qualitätssicherung nicht entwertet, sondern vielmehr geschützt, indem unseriösen Praktiken konsequent ein Riegel vorgeschoben wird. Dabei nimmt das Produktsicherheitsgesetz in Kauf, dass je nach Produkt und Sicherheitsanforderungen ein Verbot des Inverkehrbringens auch existenzvernichtend wirken kann.

Folgende QM-Maßnahmen sind deshalb umzusetzen:

- Sicherstellung, dass nur CE-konforme Produkte in den Verkehr gebracht werden. Hierzu ist ein CE-Prozess aufzusetzen. So dürfen z.B. Konformitätserklärungen nur dann von der Geschäftsleitung unterschrieben werden, wenn alle notwendigen Konformitätsnachweise vorliegen. Dazu kann beispielsweise eine CE-Prüfcheckliste eingeführt werden: Liegen alle Prüfnachweise vor? Liegt die dokumentierte Risikobeurteilung vor? Sind die technischen Unterlagen komplett erstellt worden? Wurde die Bedienungsanleitung auf Übereinstimmung mit der DIN EN IEC/IEEE 82079-1 geprüft? usw.

- Je nach Wettbewerbssituation muss damit gerechnet werden, dass Konkurrenten Produkte überprüfen lassen und „Negativergebnisse" den jeweils zuständigen Behörden übermitteln. Im Sinne der Prävention und Risikominimierung ist deshalb genauestens auf die Konformitätserfüllung zu dringen. Außerdem sind sämtliche aus dem Feld rückgemeldeten Produktfehler zu untersuchen (passive Produktbeobachtung). Es ist auch zu prüfen, inwiefern eine aktive Produktbeobachtung zu implementieren ist. In manchen Rechtsgebieten ist dies zwingende Pflicht (z. B. Medizinprodukte, Lebensmittel).

Sämtliche Mitarbeiter im Produktentstehungsprozess sollten auf diese Themen laufend geschult werden (Forderung auch aus der DIN EN ISO 9001).

8.3 Hinweise zur rechtskonformen Durchführung

Im Folgenden werden praktische Hinweise gegeben, die dem Teilprozessverantwortlichen des Qualitätsmanagements eine Hilfestellung zur Umsetzung seiner Rechtspflichten bieten.

- Im Rahmen der Prävention sind die Prozesse hinsichtlich Product Compliance zu analysieren.
- Schulung der QM-Mitarbeiter im Bereich Product Compliance.
- Es ist ein Rückrufmanagementsystem zu implementieren. Dazu sollte ein Product Compliance Team – bestehend aus der Geschäftsleitung, Product Compliance Management, Entwicklung, Produktion, Vertrieb, Einkauf, Produktion, ggf. Presseabteilung, Qualitätsmanagement sowie einem auf das Thema „Rückruf" spezialisierten Rechtsanwalt – implementiert werden, um im Krisenfall schnell über die Notwendigkeit eines Rückrufes beraten und entscheiden zu können.
- In diesem Zusammenhang ist insbesondere sorgfältig auf Reklamationen zu achten, die Hinweise auf Produktsicherheitsmängel beinhalten. Dementsprechend ist ein Informationsauswertungssystem zu implementieren. Hierbei müssen auch Informationen aus dem Service, dem Vertrieb sowie Informationen von Händlern, Distributoren und Lieferanten berücksichtigt werden.
- Dieses Frühwarnsystem muss im Ernstfall einen „direkten Draht" zur Unternehmensleitung beinhalten.

- Die Qualität der Zulieferteile bzw. importierten Produkte ist durch nachweisbare Ausgangskontrollen beim Lieferanten und Eingangskontrollen im eigenen Unternehmen zu überprüfen. Vom Lieferanten sind Prüfnachweise, Konformitätserklärungen, Zertifikate etc. einzufordern.
- Alle Produkte sind unverwechselbar zu kennzeichnen, und es sind entsprechende Aufbewahrungsfristen für Aufzeichnungen über Tests, Qualitätsprüfungen, Kontrollen etc. festzulegen. Im Bereich der neuen Konzeption werden in der Regel 10 Jahre Aufbewahrungsfrist für die internen technischen Unterlagen vorgeschrieben.
- Es ist eine Warenendkontrolle mit Dokumentation vor Auslieferung durchzuführen.
- Zwecks Rückverfolgbarkeit (insbesondere bei Serienprodukten) ist die Konformitätserklärung entsprechend zu kennzeichnen (z. B. durch eine laufende Nummer).
- Dem Produkt müssen dabei alle rechtlich geforderten Nutzerhinweise beigefügt sein (Bedienungsanleitung in der Sprache des Verwenderlandes, Gefahrenhinweise).
- Das Auslieferungsdatum ist nachweisbar zu dokumentieren.
- Für eine ordnungsgemäße Verpackung und einen geeigneten Transport ist zu sorgen.
- Insbesondere ist die Verpackung als Teil des Produktes anzusehen, weil auch für Fehler der Verpackung (z. B. bei Bruchgefährdung, Auslaufen von Flüssigkeiten oder Chemikalien, Beschädigung von Druckbehältern) verschuldensunabhängig im Rahmen der Produkthaftung gehaftet wird.
- Auch sachgerechte Transportbedingungen und Lagerbedingungen im eigenen Betrieb bzw. beim Lieferanten sind zu beachten.

9 Zusammenfassung

Ein Unternehmen, das sich organisatorisch auf die Vermeidung von Produkthaftungsfällen ausrichtet, muss die – seitens der höchstrichterlichen Rechtsprechung im Zusammenhang mit §823 Abs. 1 BGB – in Deutschland genannten Verkehrssicherungspflichten auf die betriebliche Relevanz hin analysieren und klare sowie eindeutige Verhaltensdirektiven und Handlungsanweisungen für die Mitarbeiter umsetzen. Dies betrifft nahezu alle Verantwortliche eines Geschäftsprozesses (siehe Bild 1, Bild 8, Bild 10 und Bild 13).

Diese Anforderungen sind schnell zitiert und noch schneller mit entsprechenden Verordnungen untersetzt – aber in der Praxis gestaltet sich die Umsetzung eben doch nicht so einfach. Wer genau ist denn nun wirklich für Product Compliance verantwortlich? Reicht es aus, einen qualifizierten Product Compliance Manager einzustellen (Bild 15), und alle anderen Verantwortlichen im Unternehmen „dürfen sich dann bequem zurücklehnen“?

Das vorliegende Buch bietet einen Schnelleinstieg in die Sicherstellung der Produktkonformität und zeigt die wesentlichen Rechtspflichten der Verantwortlichen involvierter Abteilungen eines Unternehmens auf. Das kann nicht die alleinige Aufgabe einer einzigen Person sein. Vielmehr müssen alle Abteilungen und deren Verantwortliche, die in die Wertschöpfungskette eingebunden sind, ihre aufgabenbedingte bzw. sogar persönliche Verantwortung erkennen. Ein installierter Product Compliance Manager wird hierbei eine sehr wichtige koordinierende Funktion wahrnehmen können – aber die Verantwortung seiner Kollegen übernimmt er nicht! Es geht den Autoren vor allen Dingen darum, dass in den Unternehmen eine Diskussion angestoßen wird, wie die Verantwortung zum rechtskonformen Inverkehrbringen bzw. Bereitstellen auf dem Markt von Produkten in den einzelnen Prozessen umzusetzen ist. Hierzu werden den Lesern praxisorientierte Handlungsempfehlungen für eine rechtskonforme Anwendung der Harmonisierungsrechtsvorschriften bzw. nationalen Umsetzungsvorschriften an die Hand gegeben.

Im Rahmen des Risikomanagements sind alle im Zusammenhang mit der Product Compliance relevanten Risiken bei der Entwicklung, Herstellung und Vermarktung eines Produkts zu ermitteln, um eine Haftungsinanspruchnahme der Unternehmensführung, ihrer Führungskräfte sowie ggf. ihrer Mitarbeiter zu vermeiden. Eine wesentliche Rolle spielen hierbei Informationen. Das Informationsangebot ist groß – man muss es „nur“ nutzen (siehe Internetadressen im Anhang), ohne oder – bei Bedarf – mit externem Support.

Wir sind ein Unternehmen des Maschinenbaus und unsere Systeme und Produkte werden weltweit erfolgreich vertrieben. ...

WVC

Berlin – Mailand – Saumur
Newport News – Osaka

Zur Verstärkung unseres Teams an unserem deutschen Standort suchen wir ab sofort für den technischen Bereich einen

Manager Product Compliance (m/w)

Zu Ihren Aufgaben gehören:

- Inhaltliche Ausarbeitung von regulatorischen Dokumenten
- Planung und Durchführung von internationalen Zulassungen in Zusammenarbeit mit den Fachabteilungen
- Planung, Koordination und Dokumentation von Zulassungsprojekten einschließlich Terminüberwachung; Vorbereitung von Audits
- Eigenständige Recherche von Registrierungsanforderungen und Prüfanweisungen der jeweils zuständigen Behörden der einzelnen Länder, in die wir unsere Systeme liefern
- Korrespondenz und Kontaktpflege zu unseren internationalen Niederlassungen sowie Kommunikation mit Behörden im In- und Ausland
- Bearbeitung von Ausschreibungen in Zusammenarbeit mit den Fachabteilungen
- Implementierung von Produktanforderungen neuer / geänderter gesetzlicher Anforderungen für unser Produkte
- Durchführung interner Schulungen in den Fachabteilungen

Unsere Anforderungen sind:

- Bachelor/Master Maschinenbau
- Kenntnisse zu regulatorischen Anforderungen (CE, NEC, NFPA, OSHA)
- Recherche in Datenbanken und Überwachung nationaler und internationaler Regelwerke (DIN, ISO, IEC, EN, UL, CSA, JIS)
- Zeit- und Terminmanagement
- Analytische, systematische und konsequente Vorgehensweise

Bild 15: Stellenanzeige (Muster)

Letztlich erwarten Industriekunden und Endverbraucher sichere sowie qualitativ hochwertige Produkte, Maschinen und Anlagen. Bei der Festlegung der Unternehmensziele sollte dies einen hohen Stellenwert haben.

Die Autoren würden sich sehr freuen, wenn diese Publikation für diese Zielsetzung und deren Erreichung einen nützlichen Beitrag leistet. Für Anregungen und Kommentare stehen die Autoren gern zur Verfügung.

10 Literatur

[1] Hauschka, C. E.: Corporate Compliance – Handbuch der Haftungsvermeidung im Unternehmen, München: Verlag C. H. Beck, 2. Auflage 2010.

[2] DIN EN ISO 9000:2015-11 „Qualitätsmanagementsysteme – Grundlagen und Begriffe (ISO 9000:2015); Deutsche und Englische Fassung EN ISO 9000:2015“.

[3] DIN EN ISO/IEC 17000:2020-09 „Konformitätsbewertung – Begriffe und allgemeine Grundlagen (ISO/IEC 17000:2020); Dreisprachige Fassung EN ISO/IEC 17000:2020“.

[4] Entschließung des Rates vom 7. Mai 1985 über eine neue Konzeption auf dem Gebiet der technischen Harmonisierung und der Normung (ABl. C 136 vom 04.06.1985, Seite 1).

[5] Verordnung (EG) Nr. 765/2008 des Europäischen Parlaments und des Rates vom 9. Juli 2008 über die Vorschriften für die Akkreditierung und Marktüberwachung im Zusammenhang mit der Vermarktung von Produkten und zur Aufhebung der Verordnung (EWG) Nr. 339/93 des Rates (ABl. L 218 vom 13.8.2008, Seite 30).

[6] Verordnung (EU) 2019/1020 des Europäischen Parlaments und des Rates vom 20. Juni 2019 über Marktüberwachung und die Konformität von Produkten sowie zur Änderung der Richtlinie 2004/42/EG und der Verordnungen (EG) Nr. 765/2008 und (EU) Nr. 305/2011 (ABl. L 169 vom 26.6.2019, Seite 1)

[7] Beschluss Nr. 768/2008/EG des Europäischen Parlaments und des Rates vom 9. Juli 2008 über einen gemeinsamen Rechtsrahmen für die Vermarktung von Produkten und zur Aufhebung des Beschlusses 93/465/EWG des Rates (ABl. L 218 vom 13.8.2008, Seite 82).

[8] Richtlinie 2009/48/EG des Europäischen Parlaments und des Rates vom 18. Juni 2009 über die Sicherheit von Spielzeug (ABl. L 170 vom 30.6.2009, Seite 1).

[9] Loerzer, M.; Ebeling, C.: EMV und Niederspannungsrichtlinien – Sicherheitsanforderungen für den Maschinenbau, 2. Auflage. Berlin: Beuth Verlag, 2017.

[10] Country Regulatory Framework „USA – Machine Safety“, Globalnorm GmbH.

[11] Country Regulatory Framework „Canada – Product Safety“, Globalnorm GmbH.

[12] Oberbichler, B.; Roschkowski, G.: TBT-Auskunftsstelle bei DIN. DIN-Mitteilungen März 2014, Seite 13 bis 15.

[13] Loerzer, M.; Ritschel, A.; Stöwe, R.: Konformitätserklärungen nach DIN EN ISO/IEC 17050-1, 1. Auflage. Berlin: Beuth Verlag, 2012.

[14] Klindt, T.: Produktsicherheitsgesetz ProdSG – Kommentar, München: Verlag C. H. Beck, 3. Auflage 2021.

[15] Loerzer, M.; Buck, P.; Schwabedissen, A.: Rechtskonformes Inverkehrbringen von Produkten – In 10 Schritten zur Konformitätserklärung, 2. Auflage. Berlin: Beuth Verlag, 2017 .

[16] Anhalt, P. (Richter im Ruhestand): Arbeitsunterlage (2003) „Die Haftung für fehlerhafte Produkte sowie für hierdurch verursachte (Folge-)Schäden“.

[17] Ensthaler, Füßler, Nuissl: Juristische Aspekte des Qualitätsmanagements (Qualitätswissen), Springer Verlag, 1997.

[18] Klindt, Stempfle: Produkthaftung – Risiken im nationalen und internationalen Warenvertrieb, Ausgabe Nr. 420/421/422/423 März 2006, Leistung und Lohn (Zeitschrift für Arbeitswirtschaft der Bundesvereinigung der Deutschen Arbeitgeberverbände, BDA, Berlin), Heider-Verlag.

[19] Klindt, T.; Wende, S.: Rückrufmanagement – Ein Leitfaden für die professionelle Abwicklung von Krisenfällen, 4., vollständig überarbeitete Auflage. Berlin: Beuth Verlag, 2021.

[20] Hauschka, C. E.; Klindt, T.: Eine Rechtspflicht zur Compliance im Reklamationsmanagement?, NJW 38/2007, Seite 2726.

[21] Richtlinie 85/374/EWG des Rates vom 25. Juli 1985 zur Angleichung der Rechts- und Verwaltungsvorschriften der Mitgliedstaaten über die Haftung für fehlerhafte Produkte.

[22] Rödler & Partner: Handbuch internationale Produkthaftung, 3. Auflage. Köln: Reguvis Fachmedien GmbH, 2019.

[23] DIN EN ISO 9001:2015-11 „Qualitätsmanagementsysteme – Anforderungen (ISO 9001:2015); Deutsche und Englische Fassung EN ISO 9001:2015“.

[24] ISO 31000:2018-02 „Risikomanagement – Leitlinien“.

[25] ÖNORM D 4900:2021-01 „Risikomanagement für Organisationen und Systeme – Begriffe und Grundlagen – Anleitung zur Umsetzung von ISO 31000“.

[26] IEC 31010:2019-06 „Risk management – Risk assessment techniques“.

[27] ISO Guide 73:2009-11 „Risk management – Vocabulary“.

[28] Gesetz über die Bereitstellung von Produkten auf dem Markt (Produktsicherheitsgesetz – ProdSG) vom 27. Juli 2021 (BGBl. I S. 3146–3147), das durch Art. 2 des Gesetzes vom 27. Juli 2021 (BGBl. I S. 3146) geändert worden ist.

[29] Schubert, S.: Normung als integraler Bestandteil der Vereinheitlichungsmöglichkeiten eines Unternehmens. DIN-Mitteilungen Februar 2009, Seite 18 bis 24.

[30] Schacht, M.; Hertel, L.: Notwendigkeit und Nutzen von Normeninformationen in Geschäftsprozessen – Datenservice der DIN Software GmbH. DIN-Mitteilungen Juli 2009, Seite 24 bis 30.

[31] Holliger-Hagmann, E.: Management der Produkthaftpflicht – Ein Leitfaden für KMU, Großunternehmen und die Advokatur, Zürich: Schulthess Juristische Medien AG, 2001.

[32] VDI-Richtlinie 5610 Blatt 1:2009-03 „Wissensmanagement im Ingenieurwesen – Grundlagen, Konzepte, Vorgehen“.

[33] Krey, V.; Kapoor, A.: Praxisleitfaden Produktsicherheitsrecht, 3. Auflage. München: Hanser Verlag, 2017.

[34] Matsuda, R.: Einführung des Toyota-Systems auch in der Verwaltung, DIN-Mitteilungen September 2009, Seite 5 bis 8.

[35] Informationsdienst Haftungsmonitor, Mai 2009, 4. Jahrgang – Heft 5, Bundesanzeiger Verlag.

[36] Blind, K.; Mangelsdorf, A.: Aktuelle Herausforderungen für die Normung und mögliche Lösungen – Umfrage zur Beteiligung an der Normungsarbeit, Zugang zu Normeninformationen und Anwendung von Normen, TU Berlin/Fraunhofer-Institut. ZVEI/VDMA-Report, April 2009.

[37] Müller, N.; Bessling, S.; Bormann, E.: Normungsinformationstechnologien für KMU und Handwerk, DIN-Mitteilungen Juni 2010, Seite 20 bis 25.

[38] Erk, P.; Blumenröder, U.: Patente und Normen – die Situation in Deutschland, DIN-Mitteilungen November 2010, Seite 18 bis 23.

[39] Schacht, M.: Erfolgsfaktor Normenmanagement – Best Practice, DIN-Mitteilungen April 2012, Seite 27 bis 33.

[40] Schacht, M.; Wischhöfer, C.: Nutzen semantischer Technologien in der Normung und Anwendung. DIN-Mitteilungen Oktober 2014, Seite 6 bis 11.

[41] Schacht, M.: Digitale Lösungen für die Normenanwendung in der Industrie. Konferenz TU München "Research Skills and Information Literacy in the Workplace" (Dezember 2018)

[42] Schacht, M.: SMART Standards – Entwicklungsprozess und Contentstruktur, DIN-Mitteilungen Juni 2020, Seite 36–42.

[43] Hertel, L.; Klaiber, E.; Wallner, U.: Technische Regeln systematisch managen – Ein Leitfaden für den Aufbau und Betrieb eines rechnergestützten innerbetrieblichen Dokumentenmanagements, 2. Auflage. Berlin: Beuth Verlag, 2010.

[44] Pahl, G.; Beitz, W.; Bender, B.; Gericke, K.: Konstruktionslehre, 9. Auflage. Berlin: Springer, 2021.

[45] DIN-Taschenbuch 294, Grundlagen der Konformitätsbewertung, 4. Auflage. Berlin: Beuth Verlag, 2016.

Anhang

Begriffe, Abkürzungen

AHJ
Authority **H**aving **J**urisdiction (zuständige Behörde)

ATEX
Atmosphères **Ex**plosibles

BGB
Bürgerliches **G**esetz**b**uch

BGH
Bundes**g**erichts**h**of

CE
Conformité **E**uropéenne

CE-Kennzeichnung
Kennzeichnung, durch die der Hersteller erklärt, dass das Produkt den geltenden Anforderungen genügt, die in den Harmonisierungsrechtsvorschriften der Gemeinschaft über ihre Anbringung festgelegt sind

CEN
Comité **E**uropéen de **N**ormalisation (European Committee for Standardization, Europäisches Komitee für Normung)

CENELEC
Comité **E**uropéen de **N**ormalisation **Elec**trotechnique (European Committee for Electrotechnical Standardization, Europäisches Komitee für elektrotechnische Normung)

CISPR
Comité **I**nternational **S**pécial des **P**erturbations **R**adioélectriques (International Special Committee on Radio Interference)

Compliance
beschreibt alle rechtlichen Vorgaben, die ein Unternehmen erfüllen muss

Conformity
Konformität. Übereinstimmung mit den rechtlichen und/oder normativen Vorgaben

DIN
Deutsches Institut für Normung e. V.

DKE
Deutsche Kommission Elektrotechnik Elektronik Informationstechnik im DIN und VDE

DoC
Die Konformitätserklärung (DoC **D**eclaration **o**f **C**onformity) eines Anbieters gemäß ISO/IEC 17050-1 ist eine Erklärung, wie sie in ISO/IEC 17000 definiert ist, d. h. eine Bestätigung durch eine erste Seite (z. B. durch den Hersteller).

EVPG
Energieverbrauchsrelevante-**P**rodukte-**G**esetz

EMV
Elektro**m**agnetische **V**erträglichkeit

EMVG
Gesetz über die **E**lektro**m**agnetische **V**erträglichkeit

EN
Europäische Norm, erarbeitet von CEN, CENELEC und ETSI

ESH
Environment, **S**afety and **H**ealth (auch häufig mit HSE bezeichnet)

ETSI
European **T**elecommunications **S**tandards **I**nstitute

EU
Europäische **U**nion

EWR
Europäischer **W**irtschafts**r**aum

IEC
International **E**lectrotechnical **C**ommission (Commission Electrotechnique Internationale)

IECEE
International **E**lectrotechnical **C**ommission for Safety of **E**lectrical **E**quipment (CB Scheme)

ISO
Die Übersetzungen des Namens Internationale Organisation für Normung ergeben verschiedene Abkürzungen, abhängig von der Sprache, zum Beispiel IOS (International Organization for Standardization) auf Englisch oder OIN (Organisation internationale de normalisation) auf Französisch. Deshalb wählte man die einheitliche Kurzbezeichnung ISO, die vom griechischen Wort „isos“ abstammt, das „gleich“ bedeutet.

Mandatory mark
rechtsverbindliches, obligatorisches (Konformitäts-)Zeichen

OJEU
Official **J**ournal of the **E**uropean **U**nion (Amtsblatt der Europäischen Union)

ProdHaftG
Produkt**haft**un**g**esetz

ProdSG
Produkt**s**icherheits**ge**setz

ProdSV
Verordnung zum **Prod**ukt**s**icherheitsgesetz

QM
Qualitäts**m**anagement

REACH
Registration, **E**valuation, **A**uthorisation and Restriction of **Ch**emicals

Regulatory affairs
fremde Rechtsordnungen im globalen Markt

Regulatory Arrangements (auch Regulatory Compliance Frameworks)
Gesetzlich geregelte Produktzulassungsverfahren

Regulatory content
rechtliche Inhalte einer Datenbank: Gesetze, Verordnungen etc.

RoHS
Restriction **of** **H**azardous **S**ubstances in Electrical and Electronic Equipment

WEEE
Waste **E**lectrical and **E**lectronic **E**quipment

WTO TBT
The WTO (World Trade Organization) Agreement on Technical Barriers to Trade (http://www.wto.org/english/tratop_e/tbt_e/tbtagr_e.htm)

Zertifizierung
Bestätigung durch eine dritte Stelle bezogen auf Produkte, Prozesse, Systeme oder Personen (aus ISO/IEC 17000)

Zulassung
Erlaubnis, ein Produkt oder einen Prozess zum angegebenen Zweck oder unter angegebenen Bedingungen auf den Markt zu bringen oder zu nutzen (aus ISO/IEC 17000)

Harmonisierungsrechtsvorschriften

Die nachfolgenden Harmonisierungsrechtsvorschriften finden Sie im Volltext über die Internetadresse https://eur-lex.europa.eu/homepage.html. Die deutschen Umsetzungsvorschriften im Volltext finden Sie z. B. über die Internetadresse http://www.gesetze-im-internet.de (Gemeinschaftsprojekt des Bundesministeriums der Justiz und der juris GmbH).

Die harmonisierten Normen zu den Harmonisierungsrechtsvorschriften der neuen Konzeption finden Sie unter https://ec.europa.eu/growth/single-market/european-standards/harmonised-standards_en.

Tabelle 7: EU-Richtlinien und EU-Verordnungen (EUV) der neuen Konzeption mit CE-Kennzeichnung

Dokumentnummer	Ausgabedatum	Kurztitel oder „Stichwort“	Titel	zuletzt geändert durch	Nationale Umsetzungsvorschriften in Deutschland
EUV 305/2011	9. März 2011	Bauproduktenverordnung	Verordnung (EU) Nr. 305/2011 des Europäischen Parlaments und des Rates vom 9. März 2011 zur Festlegung harmonisierter Bedingungen für die Vermarktung von Bauprodukten und zur Aufhebung der Richtlinie 89/106/EWG des Rates	EUV 2019/1020	Bauproduktengesetz (BauPG)
EUV 2016/424	9. März 2016	Seilbahnen-Verordnung	Verordnung (EU) 2016/424 des Europäischen Parlaments und des Rates vom 9. März 2016 über Seilbahnen und zur Aufhebung der Richtlinie 2000/9/EG	–	–
EUV 2016/425	9. März 2016	PSA-Verordnung	Verordnung (EU) 2016/425 des Europäischen Parlaments und des Rates vom 9. März 2016 über persönliche Schutzausrüstungen und zur Aufhebung der Richtlinie 89/686/EWG des Rates	–	Produktsicherheitsgesetz (ProdSG)
EUV 2016/426	9. März 2016	Gasverbrennungsgeräte-Verordnung	Verordnung (EU) 2016/426 des Europäischen Parlaments und des Rates vom 9. März 2016 über Geräte zur Verbrennung gasförmiger Brennstoffe und zur Aufhebung der Richtlinie 2009/142/EG	–	–
EUV 2017/745	5. April 2017	Medizinprodukte-Verordnung	Verordnung (EU) 2017/745 des Europäischen Parlaments und des Rates vom 5. April 2017 über Medizinprodukte, zur Änderung der Richtlinie 2001/83/EG, der Verordnung (EG) Nr. 178/2002 und der Verordnung (EG) Nr. 1223/2009 und zur Aufhebung der Richtlinien 90/385/EWG und 93/42/EWG des Rates	EUV 2020/561	Gesetz zur Durchführung unionsrechtlicher Vorschriften betreffend Medizinprodukte (Medizinprodukterecht-Durchführungsgesetz – MPDG)

Dokument-nummer	Ausgabedatum	Kurztitel oder „Stichwort“	Titel	zuletzt geändert durch	Nationale Umsetzungs-vorschriften in Deutschland
EUV 2017/746	5. April 2017	Verordnung über In-vitro-Diagnostika	Verordnung (EU) 2017/746 des Europäischen Parlaments und des Rates vom 5. April 2017 über In-vitro-Diagnostika und zur Aufhebung der Richtlinie 98/79/EG und des Beschlusses 2010/227/EU der Kommission	EUV 2022/112	Gesetz zur Durchführung unionsrechtlicher Vorschriften betreffend Medizinprodukte (Medizinprodukterecht-Durchführungsgesetz – MPDG)
90/385/EWG	20. Juni 1990	Aktive implantierbare medizinische Geräte-Richtlinie	Richtlinie des Rates vom 20. Juni 1990 zur Angleichung der Rechtsvorschriften der Mitgliedstaaten über aktive implantierbare medizinische Geräte	2007/47/EG	Medizinproduktegesetz (MPG) Medizinprodukte-Verordnung (MPV)
92/42/EWG	21. Mai 1992	Warmwasserheizkessel-Richtlinie	Richtlinie 92/42/EWG des Rates vom 21. Mai 1992 über die Wirkungsgrade von mit flüssigen oder gasförmigen Brennstoffen beschickten neuen Warmwasserheizkesseln	EUV 813/2013	Energieeinsparverordnung (EnEV), Verordnung zur Umsetzung der Heizkesselwirkungsgradrichtlinie (HeizkesselV)
2014/28/EU	26. Februar 2014	Explosivstoffrichtlinie	Richtlinie 2014/28/EU des Europäischen Parlaments und des Rates vom 26. Februar 2014 zur Harmonisierung der Rechtsvorschriften der Mitgliedstaaten über die Bereitstellung auf dem Markt und die Kontrolle von Explosivstoffen für zivile Zwecke (Neufassung)	–	Sprengstoffgesetz (SprengG)

Dokument-nummer	Ausgabedatum	Kurztitel oder „Stichwort“	Titel	zuletzt geändert durch	Nationale Umsetzungs-vorschriften in Deutschland
2014/34/EU	26. Februar 2014	Explosions-schutz-Richtlinie, ATEX-Richtlinie	Richtlinie 2014/34/EU des Europäischen Parlaments und des Rates vom 26. Februar 2014 zur Harmonisierung der Rechtsvorschriften der Mitgliedstaaten für Geräte und Schutzsysteme zur bestimmungsgemäßen Verwendung in explosionsgefährdeten Bereichen (Neufassung)	–	Explosionsschutz-verordnung (11. ProdSV), Produktsicher-heitsgesetz (ProdSG)
2013/53/EU	20. November 2013	Sportboote-Richtlinie	Richtlinie 2013/53/EU des Europäischen Parlaments und des Rates vom 20. November 2013 über Sportboote und Wassermotorräder und zur Aufhebung der Richtlinie 94/25/EG	–	Verordnung über das Inverkehr-bringen von Sportbooten (10. ProdSV), Produktsicher-heitsgesetz (ProdSG)
2014/33/EU	26. Februar 2014	Aufzugs-richtlinie	Richtlinie 2014/33/EU des Europäischen Parlaments und des Rates vom 26. Februar 2014 zur Angleichung der Rechtsvorschriften der Mitgliedstaaten über Aufzüge und Sicherheitsbauteile für Aufzüge	–	Aufzugsver-ordnung (12. ProdSV), Produktsicher-heitsgesetz (ProdSG)
2014/68/EU	15. Mai 2014	Druckgeräte-richtlinie	Richtlinie 2014/68/EU des Europäischen Parlaments und des Rates vom 15. Mai 2014 zur Harmonisierung der Rechtsvorschriften der Mitgliedstaaten über die Bereit-stellung von Druckgeräten auf dem Markt (Neufassung)	–	Druckgeräte-verordnung (14. ProdSV), Produktsicher-heitsgesetz (ProdSG)

Dokument-nummer	Ausgabedatum	Kurztitel oder „Stichwort“	Titel	zuletzt geändert durch	Nationale Umsetzungs-vorschriften in Deutschland
2014/53/EU	16. April 2014	Funkanlagen-richtlinie	Richtlinie 2014/53/EU des Europäischen Parlaments und des Rates vom 16. April 2014 über die Harmonisierung der Rechtsvorschriften der Mitgliedstaaten über die Bereitstellung von Funkanlagen auf dem Markt und zur Aufhebung der Richtlinie 1999/5/EG	EUV 2018/1139	Funkanlagen-gesetz (FuAG)
2014/32/EU	26. Februar 2014	Messgeräte-richtlinie	Richtlinie 2014/32/EU des Europäischen Parlaments und des Rates vom 26. Februar 2014 zur Harmonisierung der Rechtsvorschriften der Mitgliedstaaten über die Bereitstellung von Messgeräten auf dem Markt (Neufassung)	Delegierte Richtlinie (EU) 2015/13	Eichordnung (EO)
2014/30/EU	26. Februar 2014	Elektro-magnetische Verträglichkeit (EMV) – EMV-Richtlinie	Richtlinie 2014/30/EU des Europäischen Parlaments und des Rates vom 26. Februar 2014 zur Harmonisierung der Rechtsvorschriften der Mitgliedstaaten über die elektromagnetische Verträglichkeit (Neufassung)	EUV 2018/1139	Gesetz über die elektromagnetische Verträglichkeit von Betriebsmitteln (EMVG)
2006/42/EG	17. Mai 2006	Maschinen-richtlinie	Richtlinie 2006/42/EG des Europäischen Parlaments und des Rates vom 17. Mai 2006 über Maschinen und zur Änderung der Richtlinie 95/16/EG (Neufassung)	EUV 2019/1243	Maschinenverordnung (9. ProdSV), Produktsicherheitsgesetz (ProdSG)

Dokument-nummer	Ausgabedatum	Kurztitel oder „Stichwort“	Titel	zuletzt geändert durch	Nationale Umsetzungs-vorschriften in Deutschland
2014/35/EU	26. Februar 2014	Nieder-spannungs-richtlinie	Richtlinie 2014/35/EU des Europäischen Parlaments und des Rates vom 26. Februar 2014 zur Harmonisierung der Rechtsvorschriften der Mitgliedstaaten über die Bereitstellung elektrischer Betriebsmittel zur Verwendung innerhalb bestimmter Spannungsgrenzen auf dem Markt	–	Verordnung über das Inverkehrbringen elektrischer Betriebsmittel zur Verwendung innerhalb bestimmter Spannungsgrenzen (1. ProdSV), Produktsicherheitsgesetz (ProdSG)
2014/31/EU	26. Februar 2014	Waagen-Richtlinie	Richtlinie 2014/31/EU des Europäischen Parlaments und des Rates vom 26. Februar 2014 zur Angleichung der Rechtsvorschriften der Mitgliedstaaten betreffend die Bereitstellung nichtselbsttätiger Waagen auf dem Markt	–	Eichordnung (EO)
2009/48/EG	18. Juni 2009	Spielzeug-richtlinie	Richtlinie 2009/48/EG des Europäischen Parlaments und des Rates vom 18. Juni 2009 über die Sicherheit von Spielzeug	EU 2019/1929	Verordnung über die Sicherheit von Spielzeug (2. ProdSV), Produktsicherheitsgesetz (ProdSG)

Dokumentnummer	Ausgabedatum	Kurztitel oder „Stichwort“	Titel	zuletzt geändert durch	Nationale Umsetzungsvorschriften in Deutschland
2014/29/EU	26. Februar 2014	Druckbehälterrichtlinie	Richtlinie 2014/29/EU des Europäischen Parlaments und des Rates vom 26. Februar 2014 zur Harmonisierung der Rechtsvorschriften der Mitgliedstaaten über die Bereitstellung einfacher Druckbehälter auf dem Markt	–	Verordnung über das Inverkehrbringen von einfachen Druckbehältern (6. ProdSV), Produktsicherheitsgesetz (ProdSG)

Tabelle 8: Weitere EU-Richtlinien und EU-Verordnungen bezüglich Produktkonformität

Dokument-nummer	Ausgabedatum	Kurztitel oder „Stichwort“	Titel	zuletzt geändert durch	Nationale Umsetzungsvorschriften in Deutschland
EGV 661/2009	13. Juli 2009	–	Verordnung (EG) Nr. 661/2009 des Europäischen Parlaments und des Rates vom 13. Juli 2009 über die Typgenehmigung von Kraftfahrzeugen, Kraftfahrzeuganhängern und von Systemen, Bauteilen und selbstständigen technischen Einheiten für diese Fahrzeuge hinsichtlich ihrer allgemeinen Sicherheit	EUV 2019/543	Straßenverkehrs-Zulassungs-Ordnung (StVZO)
85/374/EWG	25.07.1985	Produkthaftungsrichtlinie	Richtlinie des Rates vom 25. Juli 1985 zur Angleichung der Rechts- und Verwaltungsvorschriften der Mitgliedstaaten über die Haftung für fehlerhafte Produkte	1999/34/EG	Produkthaftungsgesetz (ProdHaftG)
94/62/EG	20. Dezember 1994	Verpackungsabfallrichtlinie	Richtlinie 94/62/EG des Europäischen Parlaments und des Rates vom 20. Dezember 1994 über Verpackungen und Verpackungsabfälle	Richtlinie (EU) 2018/852	Verpackungsgesetz (VerpackG)
EGV 643/2009	22. Juli 2009	–	Verordnung (EG) Nr. 643/2009 der Kommission vom 22. Juli 2009 zur Durchführung der Richtlinie 2005/32/EG des Europäischen Parlaments und des Rates im Hinblick auf die Festlegung von Anforderungen an die umweltgerechte Gestaltung von Haushaltskühlgeräten	EUV 2016/2282	Energieverbrauchshöchstwerteverordnung (EnVHV) (2002-12-06)

Dokument-nummer	Ausgabedatum	Kurztitel oder „Stichwort“	Titel	zuletzt geändert durch	Nationale Umsetzungsvorschriften in Deutschland
2000/14/EG	8. Mai 2000	Lärmrichtlinie (Outdoor-Richtlinie)	Richtlinie 2000/14/EG des Europäischen Parlaments und des Rates vom 8. Mai 2000 zur Angleichung der Rechtsvorschriften der Mitgliedstaaten über umweltbelastende Geräuschemissionen von zur Verwendung im Freien vorgesehenen Geräten und Maschinen	EUV 2019/1243	Geräte- und Maschinenlärmschutzverordnung (32. BImSchV), Produktsicherheitsgesetz (ProdSG)
EGV 245/2009	18. März 2009	–	Verordnung (EG) Nr. 245/2009 der Kommission vom 18. März 2009 zur Durchführung der Richtlinie 2005/32/EG des Europäischen Parlaments und des Rates im Hinblick auf die Festlegung von Anforderungen an die umweltgerechte Gestaltung von Leuchtstofflampen ohne eingebautes Vorschaltgerät, Hochdruckentladungslampen sowie Vorschaltgeräte und Leuchten zu ihrem Betrieb und zur Aufhebung der Richtlinie 2000/55/EG des Europäischen Parlaments und des Rates	EUV 2015/1428	Energieverbrauchskennzeichnungsgesetz (EnVKG) (2002-01-30), Energieverbrauchshöchstwerteverordnung (EnVHV) (2002-12-06)
2001/95/EG	3. Dezember 2001	Produktsicherheitsrichtlinie	Richtlinie 2001/95/EG des Europäischen Parlaments und des Rates vom 3. Dezember 2001 über die allgemeine Produktsicherheit	EGV 596/2009	Produktsicherheitsgesetz (ProdSG)
2011/65/EU	8. Juni 2011	Stoffverbotsrichtlinie Elektrogeräte (RoHS)	Richtlinie 2011/65/EU des Europäischen Parlaments und des Rates vom 8. Juni 2011 zur Beschränkung der Verwendung bestimmter gefährlicher Stoffe in Elektro- und Elektronikgeräten	geändert durch zahlreiche Rechtsakte	ElektroStoffV (2013-04-19)

Dokument-nummer	Ausgabedatum	Kurztitel oder „Stichwort“	Titel	zuletzt geändert durch	Nationale Umsetzungsvor-schriften in Deutschland
2012/19/EU	4. Juli 2012	Elektroschrott-richtlinie (WEEE)	Richtlinie 2012/19/EU des Europäischen Parlaments und des Rates vom 4. Juli 2012 über Elektro- und Elektronik-Altgeräte	2008/112/EG	Elektro- und Elektronikgeräte-gesetz (ElektroG) (2015-10-20)
2006/66/EG	6. September 2006	–	Richtlinie 2006/66/EG des Europäischen Parlaments und des Rates vom 6. September 2006 über Batterien und Akkumulatoren sowie Altbatterien und Altakkumulatoren und zur Aufhebung der Richtlinie 91/157/EWG	EU 2018/849	Batteriengesetz (BattG) (2009-06-25), Verordnung zur Durchführung des Batterie-gesetzes (BattGDV) (2009-11-12)
EGV 1907/2006 (REACH)	18. Dezember 2006	REACH	Verordnung (EG) Nr. 1907/2006 des Europäischen Parlaments und des Rates vom 18. Dezember 2006 zur Registrierung, Bewertung, Zulassung und Beschränkung chemischer Stoffe (REACH), zur Schaffung einer Europäischen Agentur für chemische Stoffe, zur Änderung der Richtlinie 1999/45/EG und zur Aufhebung der Verordnung (EWG) Nr. 793/93 des Rates, der Verordnung (EG) Nr. 1488/94 der Kommission, der Richtlinie 76/769/EWG des Rates sowie der Richtlinien 91/155/EWG, 93/67/EWG, 93/105/EG und 2000/21/EG der Kommission	EUV 2020/1149	Gesetz zur Durch-führung der Ver-ordnung (EG) Nr. 1907/06 (REACH-Anpas-sungsgesetz) (2008-05-20)

Dokument-nummer	Ausgabedatum	Kurztitel oder „Stichwort“	Titel	zuletzt geändert durch	Nationale Umsetzungsvor-schriften in Deutschland
EGV 765/2008	9. Juli 2008	„Akkreditierung“	Verordnung (EG) Nr. 765/2008 des Europäischen Parlaments und des Rats vom 9. Juli 2008 über die Vorschriften für die Akkreditierung und zur Aufhebung der Verordnung (EWG) Nr. 339/93	EUV 2019/1020	Akkreditierungs-stellengesetz (AkkStelleG) (2009-07-31)
2009/125/EG	21. Oktober 2009	„Ökodesign- oder ErP-Richtlinie“	Richtlinie 2009/125/EG des Europäischen Parlaments und des Rates vom 21. Oktober 2009 zur Schaffung eines Rahmens für die Festlegung von Anforderungen an die umweltgerechte Gestaltung energieverbrauchsrelevanter Produkte	2012/27/EU	Energieverbrauchs-relevante-Produkte-Gesetz (EVPG) (2008-02-27) EVPG-Verordnung (EVPGV) (2013-08-14)
75/324/EWG	20. Mai 1975	„Richtlinie Aerosol-packungen“	Richtlinie des Rates vom 20. Mai 1975 zur Angleichung der Rechtsvorschriften der Mitgliedstaaten über Aerosolpackungen	Richtlinie (EU) 2016/2037	Aerosolpackungs-verordnung (13. ProdSV), Produktsicher-heitsgesetz (ProdSG)

Dokument-nummer	Ausgabedatum	Kurztitel oder „Stichwort“	Titel	zuletzt geändert durch	Nationale Umsetzungsvorschriften in Deutschland
EUV 327/2011	30. März 2011	„Ventilatoren“	Verordnung (EU) Nr. 327/2011 der Kommission vom 30. März 2011 zur Durchführung der Richtlinie 2009/125/EG des Europäischen Parlaments und des Rates im Hinblick auf die Festlegung von Anforderungen an die umweltgerechte Gestaltung von Ventilatoren, die durch Motoren mit einer elektrischen Eingangsleistung zwischen 125 W und 500 kW angetrieben werden	EUV 2016/2282	unmittelbar geltendes EU-Recht; gültig ab 26.04.2011
EGV 643/2009	22. Juli 2009	„Haushaltskühlgeräte“	Verordnung (EG) Nr. 643/2009 der Kommission vom 22. Juli 2009 zur Durchführung der Richtlinie 2005/32/EG des Europäischen Parlaments und des Rates im Hinblick auf die Festlegung von Anforderungen an die umweltgerechte Gestaltung von Haushaltskühlgeräten	EUV 2016/2282	unmittelbar geltendes EU-Recht; gültig ab 12.08.2009
EUV 1015/2010	10. November 2010	„Haushaltswaschmaschinen“	Verordnung (EU) Nr. 1015/2010 der Kommission vom 10. November 2010 zur Durchführung der Richtlinie 2009/125/EG des Europäischen Parlaments und des Rates im Hinblick auf die Festlegung von Anforderungen an die umweltgerechte Gestaltung von Haushaltswaschmaschinen	EUV 2016/2282	unmittelbar geltendes EU-Recht; gültig ab 01.12.2011
EUV 1016/2010	10. November 2010	„Haushaltsgeschirrspüler“	Verordnung (EU) Nr. 1016/2010 der Kommission vom 10. November 2010 zur Durchführung der Richtlinie 2009/125/EG des Europäischen Parlaments und des Rates im Hinblick auf die Festlegung von Anforderungen an die umweltgerechte Gestaltung von Haushaltsgeschirrspülern	EUV 2016/2282	unmittelbar geltendes EU-Recht; gültig ab 01.12.2011

Internetadressen

In der nachfolgenden Übersicht finden Sie einige Internetadressen mit entsprechenden Informationsangeboten.

Anbieter	Angebote	Inhalte	Internet
DIN e. V.	**KMU Helpdesk**	– Aufnahme und Weiterbearbeitung von Anfragen – Benennung von Experten bzw. des fachlich zuständigen Mitarbeiters im DIN – Weiterleitung von Anfragen an Experten bzw. an den fachlich zuständigen Mitarbeiter im DIN – Beratung bei der Recherche von Normen und Spezifikationen – Beratung zu Weiterbildungsmöglichkeiten zur Normung und Standardisierung – Beratung zu den Möglichkeiten einer Mitarbeit in der Normung und Standardisierung	www.din.de/de/ueber-normen-und-standards/nutzen-fuer-die-wirtschaft/mittelstand

Anbieter	Angebote	Inhalte	Internet
DIN e.V., DIN Software GmbH, DAkkS	**TBT Enquiry Point Deutschland**	Erteilung förmlicher und inhaltlicher Auskünfte über die von der Bundesregierung veranlassten Notifizierungen technischer Vorschriften	https://ec.europa.eu/growth/tools-databases/tbt/
		Erteilung von technischen Auskünften zu nationalen/internationalen Normen und technischen Regeln aus der DITR-Datenbank.	Auskunftsstelle (E-Mail): auskunft@din.de
Beuth Verlag und DIN Software GmbH	**Normen, technische Regeln**	– Einzelbezug + Download – Individuelle Abonnements – Auslandsnormenservice – Fachliteratur	www.beuth.de
	DIN-Katalog für technische Regeln und Normen-Ticker/kompakt	– Recherche zu Normen und technischen Regeln – Zugriff auf individuelle Normenabonnements	www.normen-ticker-portal.de
	Nautos	Komplettlösung für Recherche und Management technischer Regeln, mit Volltextzugang und Werknormenverwaltung	www.beuth.de/de/normen-management/nautos
	DITR-Datenservice	Individuelle Datenlieferungen zu Normen und technischen Regeln für den Aufbau unternehmenseigener Informationssysteme	www.beuth.de/de/regelwerke/ditr-datenservice www.dinsoftware.de

Anbieter	Angebote	Inhalte	Internet
Beuth Verlag und DIN Software GmbH (fortgesetzt)	**Schulungen, Seminare, Konferenzen**	– Maschinensicherheit – Medizinprodukte u.a.	www.beuth.de/de/dinakademie
	Online-Portale	– Normen-Management – Europäische Richtlinien und harmonisierte Normen – Maschinensicherheit – Medizinprodukte	www.beuth.de/kampagne/nm-de – www.eu-richtlinien-online.de – www.maschinen-sicherheit-online.de – www.medizin-produkte-europa.de
Globalnorm GmbH	**ROGER WILLCO**	– Product Compliance Portal – Regulatory Content (europäische und außereuropäische Product-, Material und Environmental Compliance-Anforderungen) – Country Regulatory Frameworks (auch im Webshop erhältlich)	– www.globalnorm.de – www.roger-willco.com
	GLOBALnorm	– Komplettlösung zum prozessorientierten Normenmanagement (Intranet, Internet) – Normendatenbank mit Import der Nautos-Meta-Daten oder Daten aus dem DITR-Datenservice – Volltextverwaltung und Werknormen – CE-Kennzeichnung – MONITORING-Funktion	www.globalnorm.de

Anbieter	Angebote	Inhalte	Internet
Globalnorm GmbH (fortgesetzt)	**Dienstleistungen**	– Vorschriftenüberwachung als Dienstleistung – EU-/UK-Bevollmächtigter für Hersteller in Drittstaaten – Einzelrecherchen und Beratung zur Product Compliance	www.globalnorm.de
	Schulungen, Seminare, Konferenzen	– Lehrgang zum Product Compliance Officer (mit Zertifizierung in Anlehnung an ISO/IEC 17024) – Konferenz „Product Compliance“ – Seminare	www.globalnorm.de

Inserentenverzeichnis

Die inserierenden Firmen und die Aussagen in Inseraten stehen nicht notwendigerweise in einem Zusammenhang mit den in diesem Buch abgedruckten Normen. Aus dem Nebeneinander von Inseraten und redaktionellem Teil kann weder auf die Normgerechtheit der beworbenen Produkte oder Verfahren geschlossen werden, noch stehen die Inserenten notwendigerweise in einem besonderen Zusammenhang mit den wiedergegebenen Normen. Die Inserenten dieses Buches müssen auch nicht Mitarbeiter eines Normenausschusses oder Mitglied von DIN sein. Inhalt und Gestaltung der Inserate liegen außerhalb der Verantwortung von DIN.

Globalnorm GmbH, 10787 Berlin	Umschlag-Innenseiten

Zuschriften bezüglich des Anzeigenteils werden erbeten an:

Beuth Verlag GmbH
Anzeigenverwaltung
Am DIN-Platz
Burggrafenstraße 6
10787 Berlin